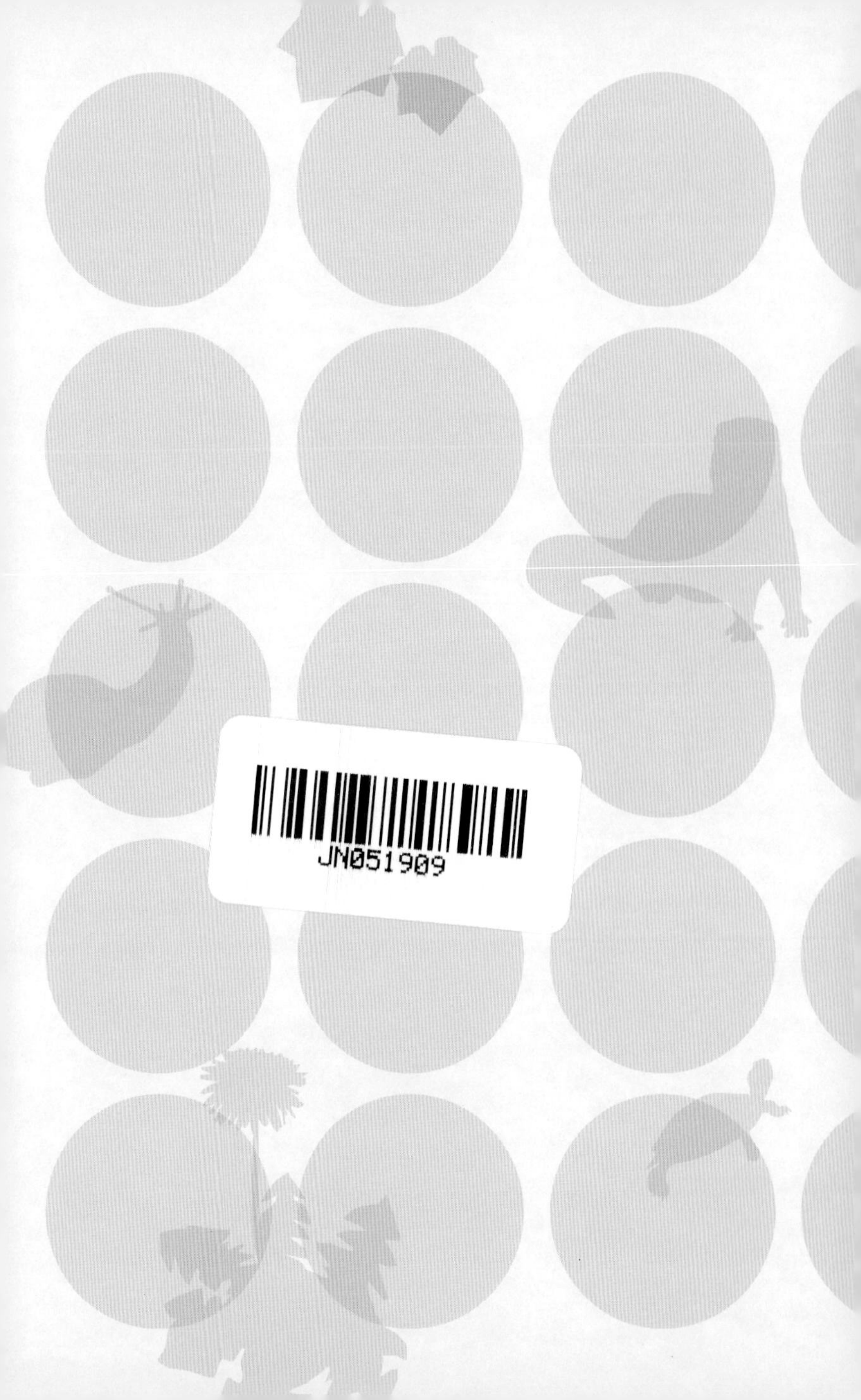

生《い》き物《もの》たちの心《こころ》のさけび!

つれてこられただけなのに 外来生物《がいらいせいぶつ》の言《い》い分《ぶん》をきく

監修 小宮輝之

絵 今井桂三
むらもとちひろ
ウエタケヨーコ
サトウマサノリ

構成・文 有沢重雄

偕成社

はじめに

お堀《ほり》やため池《いけ》の「かいぼり」がはやっていて、テレビや新聞《しんぶん》でもとりあげられます。そのとき、かならず、つかまえた生《い》き物《もの》を、在来種《ざいらいしゅ》と外来種《がいらいしゅ》に仕分《しわ》けていますね。

大《おお》きなソウギョやアリゲーターガー、カミツキガメがつかまると、歓声《かんせい》があがります。大《おお》きなコイもたくさんとれ、外来《がいらい》種《しゅ》に仕分《しわ》けられます。むかしから日本人《にほんじん》の生活《せいかつ》をうるおしてきたコイまで「わるもの」あつかいしてよいのか、首《くび》をかしげる方《かた》も多《おお》いのではないでしょうか。

「外来生物《がいらいせいぶつ》」と聞《き》くと、こわいもの、わるいものと思《おも》われがちです。しかし、私《わたし》たちの身《み》のまわりでよく見《み》かける生《い》き物《もの》にも、外来生物《がいらいせいぶつ》はたくさんいます。かれらは悪意《あくい》があって日本《にほん》にやってきたわけではありません。人《にん》間《げん》の都合《つごう》で、日本《にほん》でくらさなければならなくなった生《い》き物《もの》たちなのです。

人《ひと》の生命《せいめい》や、在来生物《ざいらいせいぶつ》の生《せい》存《ぞん》をおびやかす、あぶない外来《がいらい》生物《せいぶつ》も近年《きんねん》になってふえているのも事実《じじつ》です。でもいっぽうで、スズメやゲンゲ（レンゲソウ）、モンシロチョウやコイなど、以《い》前《ぜん》は「帰化動物《きかどうぶつ》」「帰化植物《きかしょくぶつ》」とよばれ、日本人《にほんじん》と長《なが》いあいだ、くらしをともにしてきた生《い》き物《もの》もいます。

外来生物《がいらいせいぶつ》も一《いっ》ぴき・一輪《いちりん》の、いのちある存在《そんざい》です。外来生物《がいらいせいぶつ》の言《い》い分《ぶん》にも、ぜひ耳《みみ》をかたむけてみてください。

小宮輝之《こみやてるゆき》

※この本では「外来生物《がいらいせいぶつ》」と「外来種《がいらいしゅ》」は、おなじ意味《いみ》で使《つか》っています。

50

外来生物《がいらいせいぶつ》ってなんだろう？

アライグマ、ヒアリ、オオクチバス、オオキンケイギクなど、外来生物《がいらいせいぶつ》（外来種《がいらいしゅ》）が問題《もんだい》になっている。外来生物《がいらいせいぶつ》とは、もともとその地域《ちいき》にいなかったのに、人間《にんげん》が持《も》ちこんだり、物《もの》の移動《いどう》で入《はい》りこんだりした生《い》き物《もの》のことだ。

外来生物《がいらいせいぶつ》の中《なか》には、侵入《しんにゅう》した地域《ちいき》の環境《かんきょう》にうまく適合《てきごう》して定着《ていちゃく》し、繁栄《はんえい》するものがいる。すると、その地域《ちいき》にいろいろな問題《もんだい》をもたらす。

まず考《かんが》えられるのが、**在《ざい》来種《らいしゅ》と生態系《せいたいけい》に対《たい》するダメージ**だ。もともといる在来種《ざいらいしゅ》をおそって食《た》べたり、食《た》べ物《もの》やすみかをめぐって競合《きょうごう》し、在来種《ざいらいしゅ》の生活《せいかつ》をおびやかしたりすることが起《お》きている。遺伝的《いでんてき》に近《ちか》い外来種《がいらいしゅ》と在来種《ざいらいしゅ》は、交雑《こうざつ》して雑種《ざっしゅ》をつくることも起《お》きていて、その地域《ちいき》の固有種《こゆうしゅ》がいなくなることも心配《しんぱい》されている。

人間《にんげん》の生活《せいかつ》にわるい影響《えいきょう》をあたえることもある。繁殖《はんしょく》した外来生物《がいらいせいぶつ》が、人間《にんげん》

国内外来種《こくないがいらいしゅ》

外来種《がいらいしゅ》というと、外国《がいこく》から日本《にほん》にきた生《い》き物《もの》ととらえがちだが、日本国内《にほんこくない》で、本《ほん》来《らい》の生息地《せいそくち》ではない地域《ちいき》に、人《ひと》の手《て》によって持《も》ちこまれて繁殖《はんしょく》している生《い》き物《もの》も外来種《がいらいしゅ》で、国内外来種《こくないがいらいしゅ》というよ。飼育《しいく》を目的《もくてき》に北海道《ほっかいどう》に持《も》ちこまれたカブトムシや、ネズミ駆除《くじょ》のために伊豆諸島《いずしょとう》に入《い》れられたニホンイタチなどが、国内外来種《こくないがいらいしゅ》の例《れい》だ。

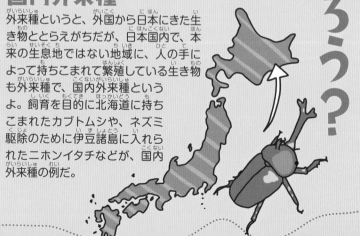

回遊魚《かいゆうぎょ》やわたり鳥《どり》は？

日本《にほん》には、海流《かいりゅう》にのってやってくる魚《さかな》や、わたりで越冬《えっとう》したり、立《た》ちよったりする鳥《とり》がいる。外来生物《がいらいせいぶつ》は、あくまで人間《にんげん》が持《も》ちこんだもので、回《かい》遊魚《ゆうぎょ》やわたり鳥《どり》など、自力《じりき》でやってくる生《い》き物《もの》は、外来種《がいらいしゅ》とは言《い》わない。

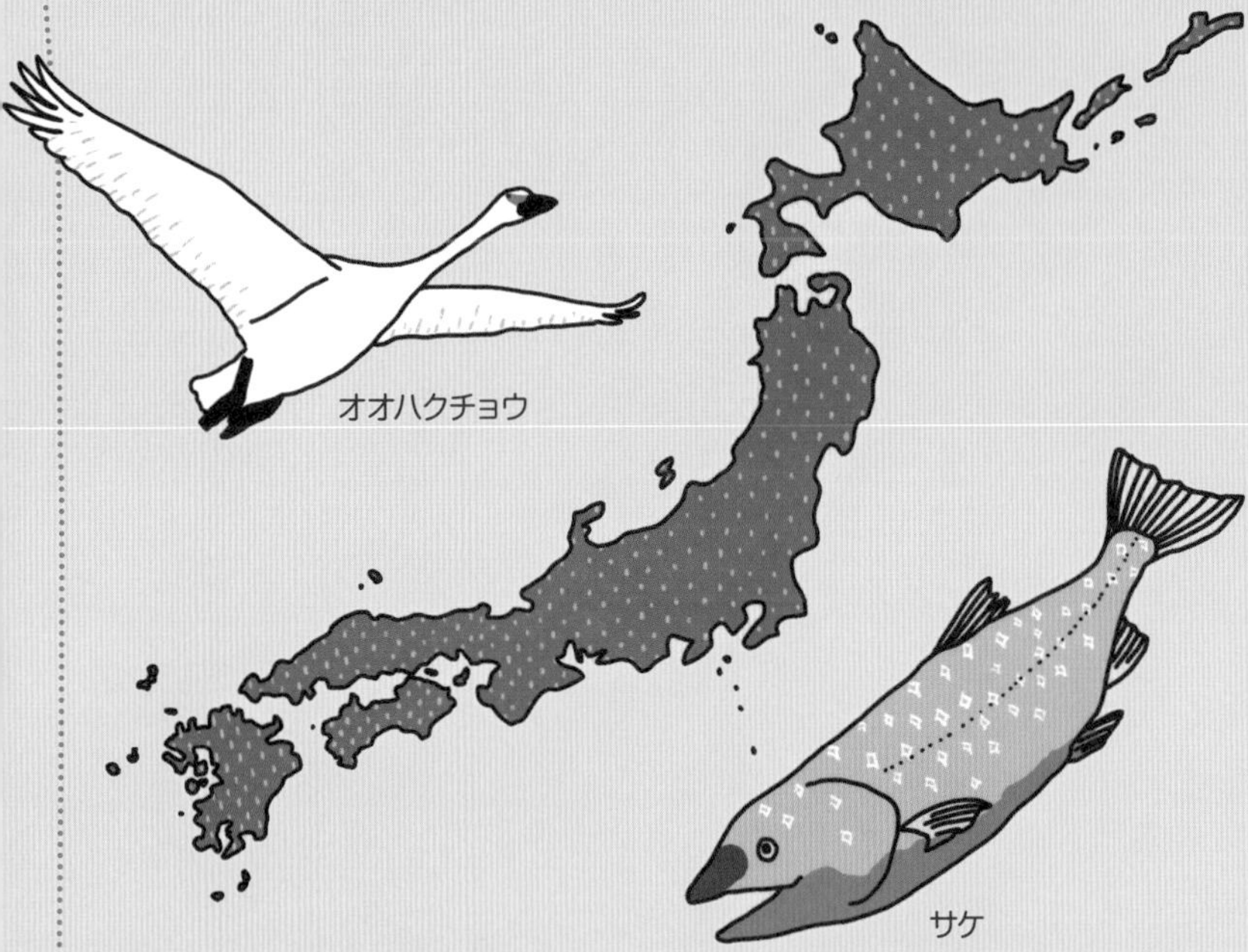

をかむなどしてけがをさせる、農作物《のうさくぶつ》を食《く》いあらして被害《ひがい》をあたえる、それまでなかった寄生《きせい》虫《ちゅう》や病原菌《びょうげんきん》を広《ひろ》げることなどが考《かんが》えられる。

このような影響《えいきょう》を重《おも》く見《み》て、外来生物《がいらいせいぶつ》はすべて駆除《くじょ》すべきだという意見《いけん》がある。しかし、ただ駆除《くじょ》するだけでいいのだろうか。日本《にほん》の自然《しぜん》には、外《がい》来生物《らいせいぶつ》の多《おお》くがふつうに共存《きょうぞん》しているし、外来生物《がいらいせいぶつ》について、まだちゃんとは理解《りかい》されていないのだ。

外来生物《がいらいせいぶつ》に対《たい》する法律《ほうりつ》や規制《きせい》

いろいろな問題《もんだい》を持《も》つ外《がい》来生物《らいせいぶつ》について、日本《にほん》では2005年《ねん》、外来生物法《がいらいせいぶつほう》という法律《ほうりつ》をつくり、対策《たいさく》を始《はじ》めた。**外来生物法**《がいらいせいぶつほう》は、正式《せいしき》には「特定外来生物《とくていがいらいせいぶつ》による生態《せいたい》系等《けいとう》に係《かか》る被害《ひがい》の防止《ぼうし》に関《かん》する法律《ほうりつ》」という。外来生物《がいらいせいぶつ》による生態系《せいたいけい》や人間《にんげん》におよぼす被害《ひがい》を、防《ふせ》ぐのを目的《もくてき》にしている。

生態系《せいたいけい》などに大《おお》きな影響《えいきょう》をあたえる外来生物《がいらいせいぶつ》を**侵略的**《しんりゃくてき》**外来生物**《がいらいせいぶつ》という。外来生《がいらいせい》物法《ぶつほう》では、侵略的外来生物《しんりゃくてきがいらいせいぶつ》のうち、明治時代以降《めいじじだいいこう》に日本《にほん》に持《も》ちこまれ、とくに注意《ちゅうい》するべき生《い》き物《もの》を**特定外来生**《とくていがいらいせい》**物**《ぶつ》に指定《してい》。輸入《ゆにゅう》、飼育《しいく》のほか、生《い》きたものを国内《こくない》で移動《いどう》した

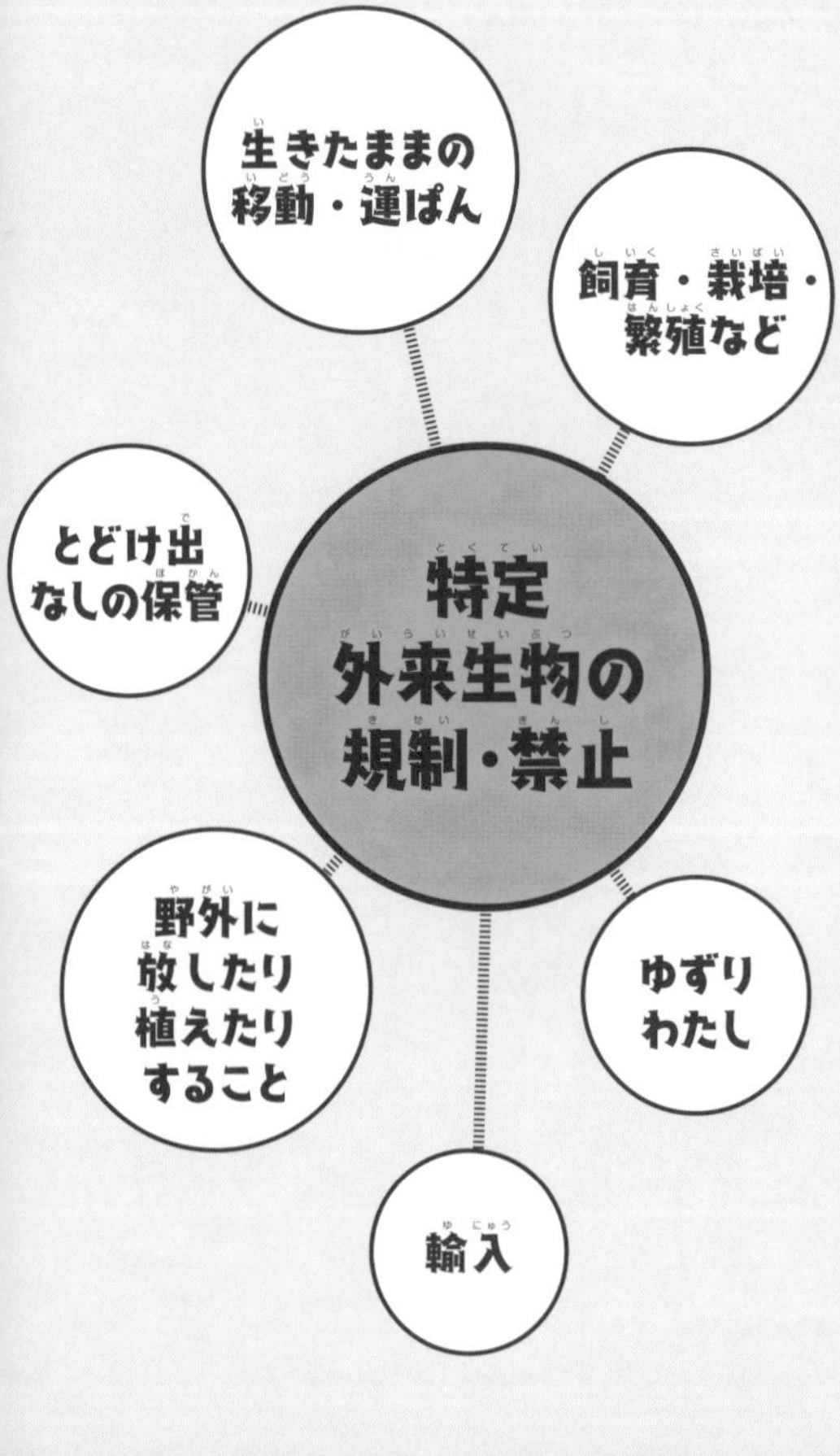

り、野外《やがい》に放《はな》したりすることを禁止《きんし》している。違反《いはん》すれば、重《おも》い罰則《ばっそく》をうける。

また法律《ほうりつ》ではないが、注意《ちゅうい》をうながすために、環境省《かんきょうしょう》が**「生態系被害防止外来《せいたいけいひがいぼうしがいらい》種《しゅ》リスト」**をつくっている。これには特定外来生物《とくていがいらいせいぶつ》のほかにも、明治時代以前《めいじじだいいぜん》の外来生《がいらいせい》物《ぶつ》も対象《たいしょう》に、侵入予防外来生《しんにゅうよぼうがいらいせい》物《ぶつ》、定着予防外来生物《ていちゃくよぼうがいらいせいぶつ》、緊急《きんきゅう》対策外来種《たいさくがいらいしゅ》、重点対策外来種《じゅうてんたいさくがいらいしゅ》、産業管理外来種《さんぎょうかんりがいらいしゅ》、そのほかの総合対策外来種《そうごうたいさくがいらいしゅ》に分《わ》けて、注《ちゅう》意《い》すべき生《い》き物《もの》が指定《してい》されているよ。

世界《せかい》の侵略的外来生物《しんりゃくてきがいらいせいぶつ》

外来生物問題《がいらいせいぶつもんだい》は、日本《にほん》だけではないよ。世界自然保護連合《せかいしぜんほごれんごう》（IUCN《アイユーシーエヌ》）は「世界《せかい》の侵略的外来種《しんりゃくてきがいらいしゅ》ワースト100」というリストを発表《はっぴょう》している。リストには、ほ乳類《にゅうるい》、は虫類《ちゅうるい》から微生物《びせいぶつ》まで100種《しゅ》がある。これらは本来《ほんらい》の生息地《せいそくち》から、ほかの国《くに》や地域《ちいき》に侵入《しんにゅう》した生物《せいぶつ》で、とくに生態系《せいたいけい》や人間社会《にんげんしゃかい》に大《おお》きな影響《えいきょう》をあたえるものだ。このリストで、IUCN《アイユーシーエヌ》が世界《せかい》にむけて注意《ちゅうい》をうながしているんだ。

ホシムクドリ

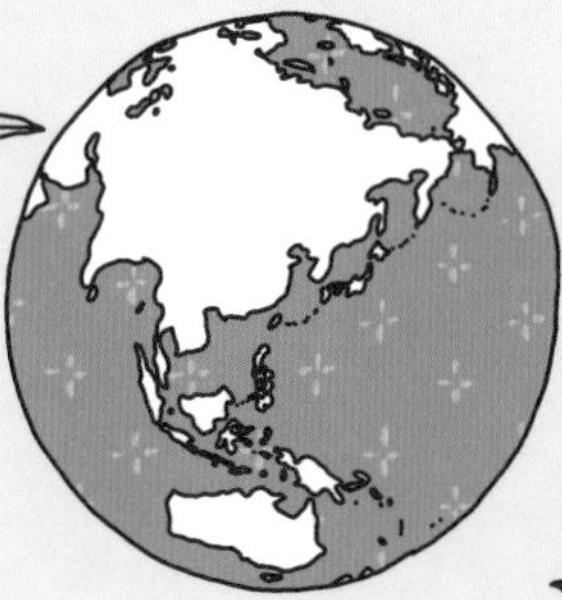

ヌートリア

＊ホシムクドリやヌートリアは「ワースト100」に指定《してい》されている。

外来生物《がいらいせいぶつ》はすべてわるものか？

外来生物《がいらいせいぶつ》＝わるもの。そうおもっている人《ひと》もいるのでは？たしかに、世界《せかい》で毎年《まいとし》100人近《にんちか》い人《ひと》がさされて死《し》ぬヒアリや、繁殖力《はんしょくりょく》が強《つよ》くて在来種《ざいらいしゅ》の魚《さかな》やエビなどをおそう肉食魚《にくしょくぎょ》のオオクチバス、ニホンザルと交雑《こうざつ》をするアカゲザルなど、人《ひと》のいのちや在来種《ざいらいしゅ》の生《い》き物《もの》の生存《せいぞん》をおびやかす、**あぶない外来《がいらい》生物《せいぶつ》**もいる。

　では、スズメやゲンゲ（レンゲソウ）はどうだろう。スズメは、縄文時代《じょうもんじだい》に稲作《いなさく》が中国《ちゅうごく》からつたわるのとともに、日本《にほん》にやってきた外来生物《がいらいせいぶつ》だ。ゲンゲも室町時代《むろまちじだい》に、田《た》んぼにすきこむ緑肥《りょくひ》として中国《ちゅうごく》から持《も》ちこまれた外来種《がいらいしゅ》だ。

スズメやゲンゲほど古《ふる》くはないが、シロツメクサ、セイヨウタンポポ、アメリカザリガニなども広《ひろ》く分布《ぶんぷ》し、環境《かんきょう》に影響《えいきょう》があるといわれているものの、すっかりわたしたちになじみ

の生《い》き物《もの》となっている。日本《にほん》には、意外《いがい》に外来生物《がいらいせいぶつ》が入《はい》りこんでいるんだ。

問題《もんだい》は、むかしとくらべて、人間《にんげん》の活動《かつどう》が活発《かっぱつ》になり、**世**《せ》**界**《かい》**がせまくなった**ことだ。世界《せかい》の国々《くにぐに》が貿易《ぼうえき》でつながり、多《おお》くの人間《にんげん》が世界中《せかいじゅう》を旅《たび》するようになり、生《い》き物《もの》たちは、貨《か》物《もつ》にまぎれたり、旅行者《りょこうしゃ》の衣服《いふく》や荷物《にもつ》についたりすることで、はるかに多《おお》く持《も》ちこまれやすくなってきた。それらの中《なか》には、日本《にほん》の自然《しぜん》や人間《にんげん》の生活《せいかつ》に大《おお》きなダメージをあたえるものもいて、問題《もんだい》になっているのだ。

でもすべてがわるい影響《えいきょう》をあたえるものではない。中《なか》には、**おだやか**に日本《にほん》の自然《しぜん》にとけこみ、スズメやゲンゲのように愛《あい》されるようになる外来生物《がいらいせいぶつ》もあるだろう。

外来種《がいらいしゅ》をすべてなくすことは、とてもむずかしい。そしてなにより、もし外来種《がいらいしゅ》をすべて駆除《くじょ》してしまったら、日本《にほん》の風《ふう》景《けい》は、なんとも**さみしいことになってしまう**のではないだろうか。

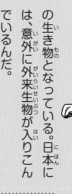

外来生物《がいらいせいぶつ》問題《もんだい》は人間《にんげん》の問題《もんだい》

外来生物《がいらいせいぶつ》は、貨物《かもつ》や人《ひと》の移動《いどう》についてやってきたもの以外《いがい》は、ほとんどの場合《ばあい》、**人間《にんげん》の都《つ》合《ごう》**によって勝手《かって》につれてこられたものだ。ペットとして飼《か》ったり、観賞《かんしょう》したりするため、食《しょく》用《よう》や毛皮《けがわ》をとるため、緑化《りょくか》のためなど、なんらかの目的《もくてき》があってなのだが、生《い》き物《もの》というのは、人間《にんげん》の**おもい通《どお》りになるものではない。**

ハブ退治《たいじ》をさせようと、沖縄《おきなわ》や奄美《あまみ》につれてきたフイリマングースは、ハブなどには見《み》むきもせず、とらえやすい、固有種《こゆうしゅ》のヤンバルクイナ、アマミノクロウサギをおそうようになった。

アニメで有名《ゆうめい》になり、かわいいからと飼《か》い始《はじ》めたアライグマは、おとなになると気《き》があらくなって、手《て》に負《お》えなくなった。

なにも考《かんが》えずに飼《か》い始《はじ》めた、ミシシッピアカミミガメやワカケホンセイインコは、20年《ねん》以上《いじょう》も長《なが》生《い》きすることがわかった。

一頭《とう》くらいすてたって、日《に》本《ほん》には相手《あいて》がいなくて繁殖《はんしょく》できないだろうとか、熱帯《ねったい》の生《い》き物《もの》だから日本《にほん》では生《い》きていけないだろうとか、決《き》めつけてしまうのは大《おお》まちがい。生《い》き物《もの》が持《も》つ、生《い》きぬくための**ひめられた能力《のうりょく》**をあまりにも小《ちい》さく見《み》すぎなのだ。

乳《ちち》や肉《にく》をとるために小笠原《おがさわら》諸島《しょとう》につれてこられたヤギが、島々《しまじま》の植物《しょくぶつ》を食《た》べつくしてしまうということで駆除《くじょ》された。でも、ヤギがいなくなった島《しま》では、外来種《がいらいしゅ》の植物《しょくぶつ》がはびこってしまうということまで起《お》きている。

そもそも、外来生物《がいらいせいぶつ》が**入《はい》りやすい環境《かんきょう》**というものがある。森林伐採《しんりんばっさい》、道路《どうろ》や宅地《たくち》の開発《かいはつ》などで、それまであった生態系《せいたいけい》のバランスがくずれ、天《てん》敵《てき》や競合《きょうごう》する在来種《ざいらいしゅ》がいなくなると、侵入《しんにゅう》しやすいと言《い》われている。

生《い》き物《もの》が繁殖《はんしょく》をめざすのは本能《ほんのう》で、日本《にほん》で繁殖《はんしょく》してこまるというのも、人間《にんげん》の身勝手《みがって》な都《つ》合《ごう》だ。

つれてくるのも人間《にんげん》、飼《か》いきれなくなってすてるのも人《にん》間《げん》、外来種《がいらいしゅ》が侵入《しんにゅう》しやすい環《かん》境《きょう》をつくるのも人間《にんげん》、そして外来種《がいらいしゅ》が繁殖《はんしょく》してこまるのも人間《にんげん》。そもそも**生《い》き物《もの》には善悪《ぜんあく》はない。**外来生物問題《がいらいせいぶつもんだい》は、人間自身《にんげんじしん》の問題《もんだい》なのだ。

外来生物《がいらいせいぶつ》が入《はい》り放題《ほうだい》というのは問題《もんだい》だし、人間《にんげん》や生態系《せいたいけい》に大《おお》きなダメージをあたえるのは防《ふせ》がなければいけないが、すべて駆除《くじょ》というのはあまりにも身勝《みがっ》手《て》ではないのか。なにより一ぴき一頭《とう》がいのちだ。外来生物問《がいらいせいぶつもん》題《だい》は、もっとふかく考《かんが》えるべきだろう。そのために、**外来生《がいらいせい》物《ぶつ》の言《い》い分《ぶん》**も聞《き》いてみよう。

生《い》き物《もの》たちの心《こころ》のさけび！

つれてこられただけなのに 外来生物《がいらいせいぶつ》の言《い》い分《ぶん》をきく

もくじ

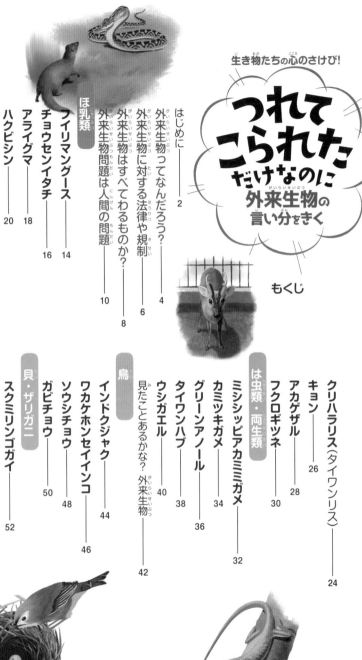

はじめに――2
外来生物《がいらいせいぶつ》ってなんだろう？――4
外来生物《がいらいせいぶつ》に対《たい》する法律《ほうりつ》や規制《きせい》――6
外来生物《がいらいせいぶつ》はすべてわるものか？――8
外来生物問題《がいらいせいぶつもんだい》は人間《にんげん》の問題《もんだい》――10

ほ乳類《にゅうるい》
フイリマングース――14
チョウセンイタチ――16
アライグマ――18
ハクビシン――20
ヌートリア――22
クリハラリス（タイワンリス）――24
キョン――26
アカゲザル――28
フクロギツネ――30

は虫類《ちゅうるい》・両生類《りょうせいるい》
ミシシッピアカミミガメ――32
カミツキガメ――34
グリーンアノール――36
タイワンハブ――38
ウシガエル――40
見《み》たことあるかな？ 外来生物《がいらいせいぶつ》――42

鳥《とり》
インドクジャク――44
ワカケホンセイインコ――46
ソウシチョウ――48
ガビチョウ――50

貝《かい》・ザリガニ
スクミリンゴガイ――52
アフリカマイマイ――54

ムラサキイガイ――56
アメリカザリガニ――58
ウチダザリガニ――60

魚《さかな》

ブラックバス――62
ブルーギル――64
タイリクバラタナゴ――66
カダヤシ――68
グッピー――70
ナイルティラピア――72
アリゲーターガー――74
見《み》たことあるかな? 外来生物《がいらいせいぶつ》――76

昆虫《こんちゅう》・クモ

セイヨウオオマルハナバチ――78
ツマアカスズメバチ――80
アルゼンチンアリ――82
アカヒアリ――84
外国産《がいこくさん》クワガタムシ――86

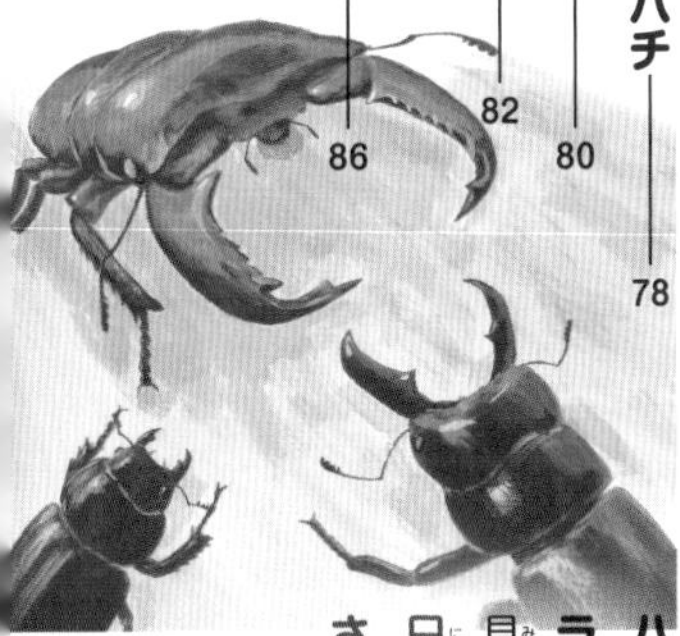

クビアカツヤカミキリ――88
アカボシゴマダラ――90
アオマツムシ――92
セアカゴケグモ――94

植物《しょくぶつ》

シロツメクサ――96
オオキンケイギク――98
セイヨウタンポポ――100
オオキバナカタバミ――102
アレチウリ――104
オオカナダモ――106
ブラジルチドメグサ――108
ホテイアオイ――110
ハリエンジュ――112
ランタナ――114
見《み》たことあるかな? 外来生物《がいらいせいぶつ》――116
日本《にほん》の生《い》き物《もの》が海外《かいがい》で外来生物《がいらいせいぶつ》に――116
さくいん この本《ほん》に出《で》てきた生《い》き物《もの》――118

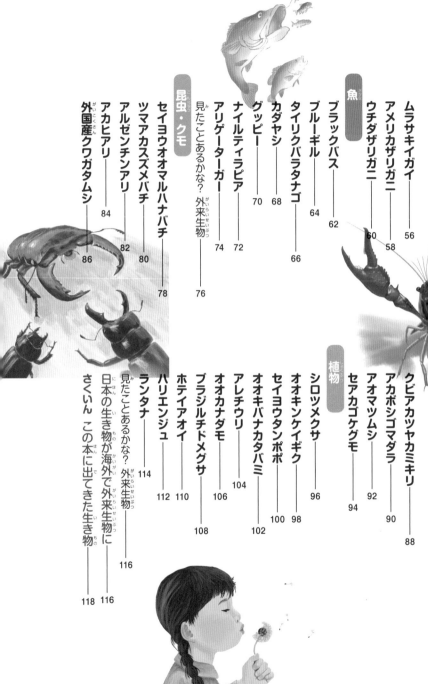

人間《にんげん》のかんちがい。おれたちヘビは食《た》べないんだよ！

フイリマングースの言《い》い分《ぶん》

ハブ退治《たいじ》のためにつれてこられた…

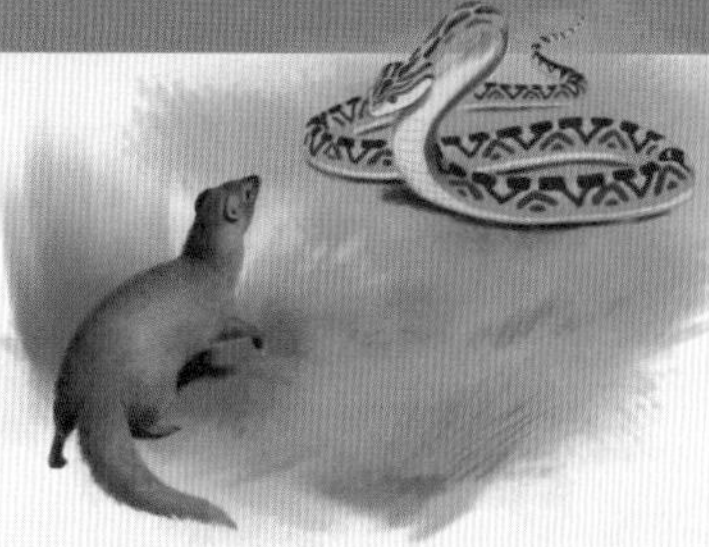

沖縄《おきなわ》や奄《あま》美《み》地《ち》方《ほう》の人《ひと》は、むかしから毒《どく》ヘビのハブになやまされていた。

毒《どく》ヘビにはマングース！ ある大学《だいがく》の動物学《どうぶつがく》の博士《はかせ》の頭《あたま》にうかんだのが、ハブとネズミ退治《たいじ》のために、マングースをつれてくること。海外出《かいがいしゅっ》張《ちょう》のとき、インドで見《み》たコブラ対《たい》マングースの見世物《みせもの》が強《つよ》く心《こころ》にのこっていたようだ。

ところが沖縄《おきなわ》に入《い》れたマングースは、ハブなどとらえなかった。もっとかんたんにとらえられる在来種《ざいらいしゅ》のヤンバルクイナやキノボリトカゲ、カエル類《るい》がえものとなったんだ。沖縄《おきなわ》で問題《もんだい》となっていたのに、1979年《ねん》に奄美大島《あまみおおしま》にも入《い》れて、アマミノクロウサギやケナガネズミなどがおそわれることになってしまった。

—おれたち昼行性《ちゅうこうせい》で、夜《や》行性《こうせい》のハブと出会《であ》うことがないんだよ。コブラ対《たい》マングースって、ただの見世物《みせもの》！ おれたちだってヘビはこわいんだよ—フイリマングースは言《い》っているかも。

フイリマングース

分類《ぶんるい》：ほ乳類《にゅうるい》ネコ目《もく》マングース科《か》
大《おお》きさ：体長《たいちょう》25～37cm、尾長《びちょう》19～29cm
原産地《げんさんち》：中近東《ちゅうきんとう》～インド～中国南部《ちゅうごくなんぶ》
日本《にほん》の分布《ぶんぷ》：沖縄島《おきなわとう》、奄美大島《あまみおおしま》の森《もり》や畑《はたけ》など
特定外来生物《とくていがいらいせいぶつ》：指定《してい》
世界《せかい》の侵略的外来種《しんりゃくてきがいらいしゅ》ワースト100：指定《してい》

ふえたわけ

天敵《てんてき》がいないうえにえものも豊富《ほうふ》だった
沖縄《おきなわ》や奄美《あまみ》は天敵《てんてき》もいないうえに、おっとり生活《せいかつ》していた在来種《ざいらいしゅ》をとらえ放題《ほうだい》。しかも農家《のうか》で飼《か》われているニワトリや農《のう》作物《さくぶつ》まであって、天国状態《てんごくじょうたい》だった。

チョウセンイタチの言《い》い分《ぶん》

ネズミ駆除《くじょ》のために持《も》ちこまれた…

ネズミ、鳥《とり》、魚《さかな》、カエル、昆虫《こんちゅう》、果物《くだもの》などなんでも食《た》べる。在来種《ざいらいしゅ》の貴重《きちょう》な生《い》き物《もの》をとらえたり、農産物《のうさんぶつ》を食《く》いあらしたり、家《いえ》の天井《てんじょう》うらに入《はい》りこんでふんや尿《にょう》をしたりなど、すっかりわるものにされている。ニホンイタチを山《さん》間部《かんぶ》に追《お》いやったとも言《い》われるが、ニホンイタチの減少《げんしょう》は、チョウセンイタチが原因《げんいん》ではなく、都市化《としか》でわるくなった環境《かんきょう》のせいとも言《い》われている。

長崎県《ながさきけん》の対馬《つしま》では在来種《ざいらいしゅ》で、むかしから生息《せいそく》している。

ニホンイタチににているので、外来生物《がいらいせいぶつ》とおもわれていないことも多《おお》い。ニホンイタチとくらべて尾《お》が長《なが》い。ドブネズミの駆除《くじょ》のためや、毛皮《けがわ》をとるためにつれてこられた。

―ニホンイタチとすみ分《わ》けているし、このままいてもいいでしょ！―チョウセンイタチは言《い》っているかも。

チョウセンイタチ

分類《ぶんるい》：ほ乳類《にゅうるい》ネコ目《もく》イタチ科《か》
大《おお》きさ：体長《たいちょう》30〜50cm、尾長《びちょう》14〜21cm
原産地《げんさんち》：シベリア、モンゴル、朝鮮半島《ちょうせんはんとう》、中国《ちゅうごく》など
日本《にほん》の分布《ぶんぷ》：福井県《ふくいけん》、岐阜県《ぎふけん》、愛知県《あいちけん》以西《いせい》の山地《さんち》〜平地《へいち》
特定外来生物《とくていがいらいせいぶつ》：―
世界《せかい》の侵略的外来種《しんりゃくてきがいらいしゅ》ワースト100：―

ふえたわけ

競合《きょうごう》するニホンイタチがほとんどいなかった

おなじような生活《せいかつ》をして競合《きょうごう》するニホンイタチがへってしまったところに、うまく入《はい》りこみ、都市部《としぶ》でもくらしている。

メスは多産《たさん》で1回《かい》に2〜12頭《とう》を産《う》む

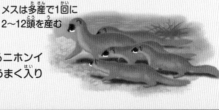

アライグマの言《い》い分《ぶん》

小《ちい》さいうちだけかわいがって、おとなに

なったらポイかよ！

ペットにするためにつれてこられた…

アライグマ

分類《ぶんるい》：ほ乳類《にゅうるい》ネコ目《もく》アライグマ科《か》
大《おお》きさ：体長《たいちょう》44〜62cm、尾長《びちょう》19〜36cm
原産地《げんさんち》：北《きた》アメリカ
日本《にほん》の分布《ぶんぷ》：全国《ぜんこく》の住宅地《じゅうたくち》、林《はやし》、水辺《みずべ》など
特定外来生物《とくていがいらいせいぶつ》：指定《してい》
世界《せかい》の侵略的外来種《しんりゃくてきがいらいしゅ》ワースト100：—

あっ、タヌキ！　かわいいね…。アライグマは、まだ多《おお》くの人《ひと》がタヌキとまちがえている。1970年代《ねんだい》後《こう》半《はん》以降《いこう》、テレビアニメで大《だい》ブーム。ペットショップでたくさんのアライグマが販売《はんばい》された。ところがこの動物《どうぶつ》、小《ちい》さいうちは愛《あい》らしくかわいいが、おとなになると野生《やせい》の本能《ほんのう》があらわれて狂暴《きょうぼう》になる。もてあました多《おお》くの飼《か》い主《ぬし》は、野外《やがい》に放《はな》してしまった。アライグマはたくましく生《い》きのび、いまではほぼ全国《ぜんこく》に広《ひろ》がっている。

夜行性《やこうせい》で、ネズミ、魚《さかな》、木《き》の実《み》などなんでも食《た》べる。トウモロコシ、スイカなどの農《のう》作物《さくぶつ》を食《く》いあらし、在来種《ざいらいしゅ》や貴重種《きちょうしゅ》の生《い》き物《もの》を捕食《ほしょく》するなど、問題児《もんだいじ》となってしまった。

—もう何年《なんねん》も日本《にほん》で生活《せいかつ》し、おれたちみんな日本生《にほんう》まれ。ここがふるさとなんだ—
アライグマは言《い》っているかも。

ふえたわけ

長《なが》い指《ゆび》の前《まえ》あしを器用《きよう》に使《つか》う
日本《にほん》の環境《かんきょう》がよく合《あ》った。タヌキににているが、前《まえ》あしの指《ゆび》がタヌキよりずっと長《なが》く、水中《すいちゅう》のえものをじょうずにとらえたり、木《き》に登《のぼ》ったりできるほど器用《きよう》だ！

ハクビシンの言《い》い分《ぶん》

むかしからいるぜ。もしかしたら日本《にほん》がふるさと？

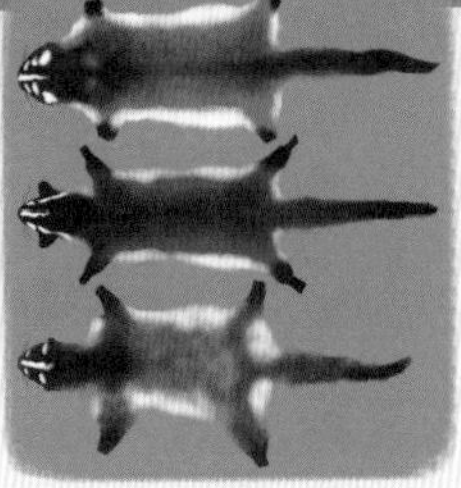

防寒用《ぼうかんよう》の毛皮《けがわ》にされた

毛皮《けがわ》をとるためにつれてこられた・・・

顔《かお》のまん中《なか》に白《しろ》いすじのハクビシンは、都《と》会《かい》にもあらわれて、みんなをおどろかせている。

古《ふる》くは、江戸《えど》時代《じだい》に持《も》ちこまれたという記録《きろく》があるらしい。第二次世界大戦中《だいにじせかいたいせんちゅう》に、毛《け》皮《がわ》をとるために台湾《たいわん》や中国《ちゅうごく》からつれてこられて、それらが野外《やがい》ににげたとも言《い》われている。でも、はっきりしたことはわかっておらず、もしかしたら、日本《にほん》に古《ふる》くからいる在《ざい》来種《らいしゅ》ということもありえる。

木登《きのぼ》りができるなど、たくみに行動《こうどう》し、昆虫《こんちゅう》、魚《さかな》、果実《かじつ》や種《たね》など、なんでも食《た》べる適《てき》応力《おうりょく》があり、都市《とし》でも生《い》きられる。分布《ぶんぷ》は、ほぼ日本全国《にほんぜんこく》に広《ひろ》がっている。

ミカン、ブドウ、カキ、トマトなどの農作物《のうさくぶつ》を食《た》べあらすほか、人家《じんか》の屋根《やね》うらにすみついて、ふんや尿《にょう》をしたり、騒音《そうおん》を立《た》てたりする、こまったちゃん。

—それほどのわるさをしているわけじゃないし、ずっと日本《にほん》にいるんだぜ。いっしょにくらそうよ—ハクビシンは言《い》っているかも。

ハクビシン

分類《ぶんるい》：ほ乳類《にゅうるい》ネコ目《もく》ジャコウネコ科《か》
大《おお》きさ：体長《たいちょう》47～56cm、尾長《びちょう》37～44cm
原産地《げんさんち》：ヒマラヤ、マレー半島《はんとう》、インドネシア、台湾《たいわん》
日本《にほん》の分布《ぶんぷ》：ほぼ日本全国《にほんぜんこく》の林《はやし》、住宅地《じゅうたくち》
特定外来生物《とくていがいらいせいぶつ》：—
世界《せかい》の侵略的外来種《しんりゃくてきがいらいしゅ》ワースト100：—

ふえたわけ

都市《とし》にも適応《てきおう》できる

なんでも食《た》べるので食《た》べ物《もの》にこまらない。電線《でんせん》を伝《つた》って移《い》動《どう》したり、家《いえ》の屋根《やね》うらや床下《ゆかした》、家屋《かおく》のすき間《ま》に入《はい》りこんで巣《す》をつくったりするなど、人間《にんげん》の生活《せいかつ》をうまく利用《りよう》する。

電線《でんせん》をわたる

ヌートリアの言《い》い分《ぶん》

毛皮《けがわ》がいらなくなったらポイってなんだよ！

マスクラット
北《きた》アメリカ原産《げんさん》
体長《たいちょう》30cm

毛皮《けがわ》とりのためにつれてこられた・・・

毛皮《けがわ》の防寒帽《ぼうかんぼう》

巨大《きょだい》なネズミのようなすがたで、後《うし》ろあしの水《みず》かきでじょうずに泳《およ》ぐぞ。第二次世界大《だいにじせかいたい》戦中《せんちゅう》、陸軍《りくぐん》の防寒着《ぼうかんぎ》をつくる毛皮《けがわ》を目的《もくてき》につれてこられ、養殖《ようしょく》された。でも、戦後《せんご》になって毛皮《けがわ》の需要《じゅよう》がなくなって、放《はな》されたり、養殖場《ようしょくじょう》からにげ出《だ》したりしたんだ。

草食性《そうしょくせい》で、水辺《みずべ》には、食《た》べ物《もの》や巣《す》で競合《きょうごう》する在来種《ざいらいしゅ》のほ乳類《にゅうるい》がいないので、うまく生《い》きのびられたようだ。ヨシやヒシなどの水生植物《すいせいしょくぶつ》の茎《くき》や種《たね》がすきだけど、イネの苗《なえ》、ニンジンなどの農作物《のうさくぶつ》も食《た》べてしまい、いやがられている。

よくにたマスクラット（ネズミ科《か》）も毛皮《けがわ》をとるためにつれてこられて、関東地方《かんとうちほう》の川《かわ》で野生化《やせいか》しているよ。

—毛皮《けがわ》をとるなんてひどい目的《もくてき》でつれてこられて、いらなくなったらポイってすてるの？ それでもけんめいに生《い》きてきたのに—ヌートリアは言《い》っているかも。

ヌートリア

分類《ぶんるい》：ほ乳類《にゅうるい》ネズミ目《もく》ヌートリア科《か》
大《おお》きさ：体長《たいちょう》56～63cm、尾長《びちょう》30～43cm
原産地《げんさんち》：南《みなみ》アメリカ
日本《にほん》の分布《ぶんぷ》：おもに西日本《にしにほん》の川《かわ》や池《いけ》など
特定外来生物《とくていがいらいせいぶつ》：指定《してい》
世界《せかい》の侵略的外来種《しんりゃくてきがいらいしゅ》ワースト100：指定《してい》

ふえたわけ

1回《かい》の出産《しゅっさん》で5～6頭《とう》の子《こ》どもを産《う》む

繁殖力《はんしょくりょく》がすごいんだ。1年《ねん》に数回出産《すうかいしゅっさん》し、1回《かい》に平均《へいきん》5～6頭《とう》、ときには8頭《とう》もの子《こ》どもを産《う》む。しかも、子《こ》は半年《はんとし》で繁殖《はんしょく》できるようになるんだ！

クリハラリスの言《い》い分《ぶん》

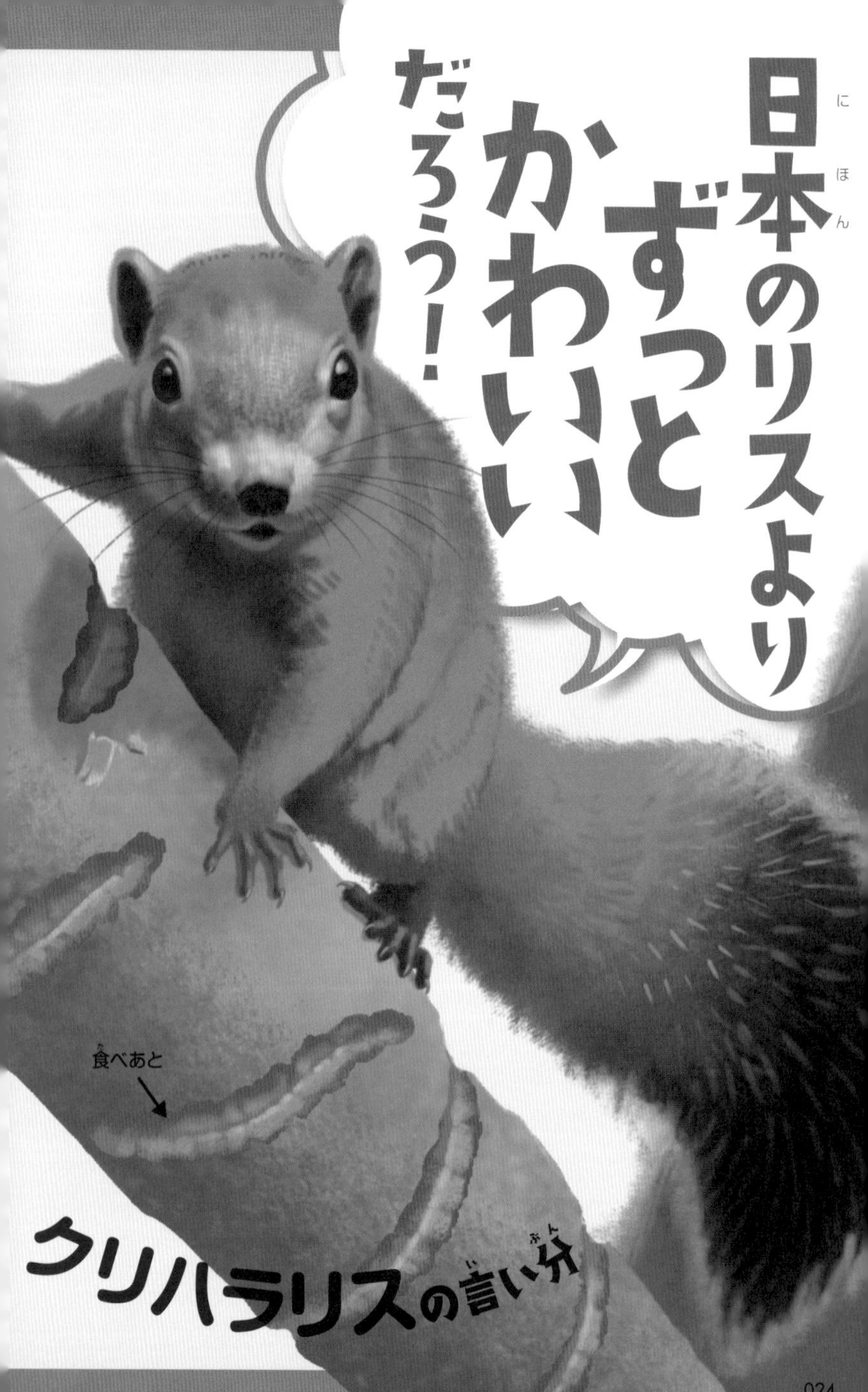

日本《にほん》のリスより
ずっと
かわいい
だろう!
食《た》べあと

ふえたわけ

さまざまな環境《かんきょう》に適応《てきおう》できる

アジアに広《ひろ》く分布《ぶんぷ》し、さまざまな環境《かんきょう》に適応《てきおう》することができるタフな生《い》き物《もの》だ。かわいいので人《ひと》からよく食《た》べ物《もの》をもらっている。

クリハラリス

分類《ぶんるい》：ほ乳類《にゅうるい》ネズミ目《もく》リス科《か》
大《おお》きさ：体長《たいちょう》20～22cm、尾長《びちょう》17～20cm
原産地《げんさんち》：ミャンマー、インドシナ、中国南部《ちゅうごくなんぶ》、台湾《たいわん》
日本《にほん》の分布《ぶんぷ》：埼玉県《さいたまけん》、東京都《とうきょうと》、伊豆大島《いずおおしま》、神奈川県《かながわけん》、静岡県《しずおかけん》、岐阜県《ぎふけん》、大阪府《おおさかふ》、長崎県《ながさきけん》などの林《はやし》、公園《こうえん》や住宅地《じゅうたくち》
特定外来生物《とくていがいらいせいぶつ》：指定《してい》
世界《せかい》の侵略的外来種《しんりゃくてきがいらいしゅ》ワースト100：—

ペットにするためにつれてこられた…

わあーかわいい！ 写真《しゃしん》をとったり、中《なか》にはえさをやったりする人《ひと》もいる。外来種《がいらいしゅ》と気《き》づかない人《ひと》がほとんどだ。

別名《べつめい》タイワンリスといい、動物園《どうぶつえん》で展示《てんじ》するためや、家《いえ》でペットとして飼《か》うために、中国《ちゅうごく》や台湾《たいわん》からつれてこられた。それらが管理《かんり》がわるくて野外《やがい》ににげ出《だ》したり、勝手《かって》に放《はな》されたりしたんだ。木《き》の種《たね》、果物《くだもの》、樹皮《じゅひ》、昆虫《こんちゅう》など、いろいろなものを食《た》べて、分布《ぶんぷ》を広《ひろ》げている。農作物《のうさくぶつ》を食《た》べたり、樹木《じゅもく》の皮《かわ》を食《た》べたり、はいだりする被害《ひがい》が出《で》ているよ。在来種《ざいらいしゅ》のニホンリスと食《た》べ物《もの》と巣《す》をめぐって競合《きょうごう》するのではないかと心配《しんぱい》されている。

—まるでおたずね者《もの》のように、ぼくたちに賞金《しょうきん》をかけているところもある！ でも放《はな》し飼《が》いで観光《かんこう》に利用《りよう》しようというところだってあるよ。だってかわいいもの—クリハラリスは言《い》っているかも。

にがさないようにできない人間《にんげん》がわるいんでしょ！
キョンの言《い》い分《ぶん》

動物園《どうぶつえん》で展示《てんじ》のためにつれてこられた…

グアー、グアー…にごった鳴《な》き声《ごえ》が野山《のやま》にひびく。夜《よる》でも鳴《な》くので、地元《じもと》の人《ひと》たちから「きもちわるいね」といやがられているのは、キョンだ。

体長《たいちょう》は1ｍにもならないシカで、ニホンジカの子《こ》どものようでかわいい。でも、キョンはホエジカのなかまで、ほえるように鳴《な》くんだ。

もともとは房総半島《ぼうそうはんとう》や伊豆《いず》大島《おおしま》の動物園《どうぶつえん》から脱走《だっそう》。シカのなかでも年間《ねんかん》をとおして繁《はん》殖《しょく》できるので、定着《ていちゃく》したようだ。

朝《あさ》と夕方《ゆうがた》によく活動《かつどう》して、キク、アシタバ、スイカ、トマト、タケノコなどの農産物《のうさんぶつ》を食《た》べたり、在来種《ざいらいしゅ》のニホンジカを追《お》いやったりと、こまった動物《どうぶつ》である。地道《じみち》に捕獲《ほかく》するしか対策《たいさく》がないという。

―人間《にんげん》にちゃんと飼育《しいく》してもらっていたら、わたしたちもにげ出《だ》さなかったのに―キョンは言《い》っているかも。

キョン

分類《ぶんるい》：ほ乳類鯨偶蹄目《にゅうるいくじらぐうていもく》シカ科《か》

大《おお》きさ：体長《たいちょう》70〜80cm、尾長《びちょう》12〜13cm

原産地《げんさんち》：中国南東部《ちゅうごくなんとうぶ》、台湾《たいわん》

日本《にほん》の分布《ぶんぷ》：房総半島《ぼうそうはんとう》、伊豆大島《いずおおしま》の林《はやし》や畑地《はたち》

特定外来生物《とくていがいらいせいぶつ》：指定《してい》

世界《せかい》の侵略的外来種《しんりゃくてきがいらいしゅ》ワースト100：―

ふえたわけ

1年中繁殖《ねんじゅうはんしょく》できる

シカはふつう1年《ねん》に1回《かい》の繁殖《はんしょく》。キョンも繁《はん》殖期《しょくき》はおもに4〜6月《がつ》だが、1年《ねん》をとおして繁《はん》殖《しょく》ができるのが強《つよ》みだ。

メスと子《こ》

アカゲザルの言《い》い分《ぶん》

ニホンザルとほとんどおんなじだからいいじゃん！

タイワンザル
台湾原産《たいわんげんさん》
体長《たいちょう》35〜55cm

観《かん》光《こう》施《し》設《せつ》の展《てん》示《じ》のためにつれてこられた・・・

野《の》山《やま》で見《み》たら、きっとニホンザルだとおもうはず。そっくりだけど、ニホンザルとちがい、しっぽが長《なが》いんだ。日《に》本《ほん》には、千《ち》葉《ば》県《けん》の観《かん》光《こう》施《し》設《せつ》の展《てん》示《じ》用《よう》としてつれてこられたほか、医《い》学《がく》や心《しん》理《り》学《がく》の実《じっ》験《けん》動《どう》物《ぶつ》として輸《ゆ》入《にゅう》されている。見《み》かけがにているだけじゃなく、アカゲザルはニホンザルと交《こう》雑《ざつ》して雑《ざっ》種《しゅ》ができてしまう。しかも雑《ざっ》種《しゅ》にも、子《こ》どもができる。このままでは、日《に》本《ほん》固《こ》有《ゆう》種《しゅ》のニホンザルがいなくなっちゃうと心《しん》配《ぱい》されている。また、千《ち》葉《ば》県《けん》は農《のう》産《さん》物《ぶつ》の一《いち》大《だい》産《さん》地《ち》なので、カキ、ミカン類《るい》、野《や》菜《さい》などが食《た》べられる被《ひ》害《がい》もある。

おなじオナガザルのなかまで、台《たい》湾《わん》産《さん》のタイワンザルも和《わ》歌《か》山《やま》県《けん》の動《どう》物《ぶつ》園《えん》からにげ出《だ》して、ニホンザルと交《こう》雑《ざつ》したことがあるよ。

―しっぽが長《なが》いだけで、ニホンザルとほとんどおなじだよ。日《に》本《ほん》がすきなんだ！―アカゲザルは言《い》っているかも。

アカゲザル

分類《ぶんるい》：ほ乳類《にゅうるい》サル目《もく》オナガザル科《か》
大《おお》きさ：体長《たいちょう》37～66cm、尾長《びちょう》13～31cm
原産地《げんさんち》：アフガニスタン～中国南部《ちゅうごくなんぶ》
日本《にほん》の分布《ぶんぷ》：房総半島《ぼうそうはんとう》（千葉県《ちばけん》）南部《なんぶ》の林《はやし》や畑地《はたち》
特定外来生物《とくていがいらいせいぶつ》：指定《してい》
世界《せかい》の侵略的外来種《しんりゃくてきがいらいしゅ》ワースト100：―

ふえたわけ

日本《にほん》の環境《かんきょう》によく適応《てきおう》した

原産地《げんさんち》でも、湿地《しっち》、乾燥地《かんそうち》、森林《しんりん》、高地《こうち》と、さまざまな環境《かんきょう》に適応《てきおう》していて、おだやかな気候《きこう》の日本《にほん》はすみやすかったのだ。

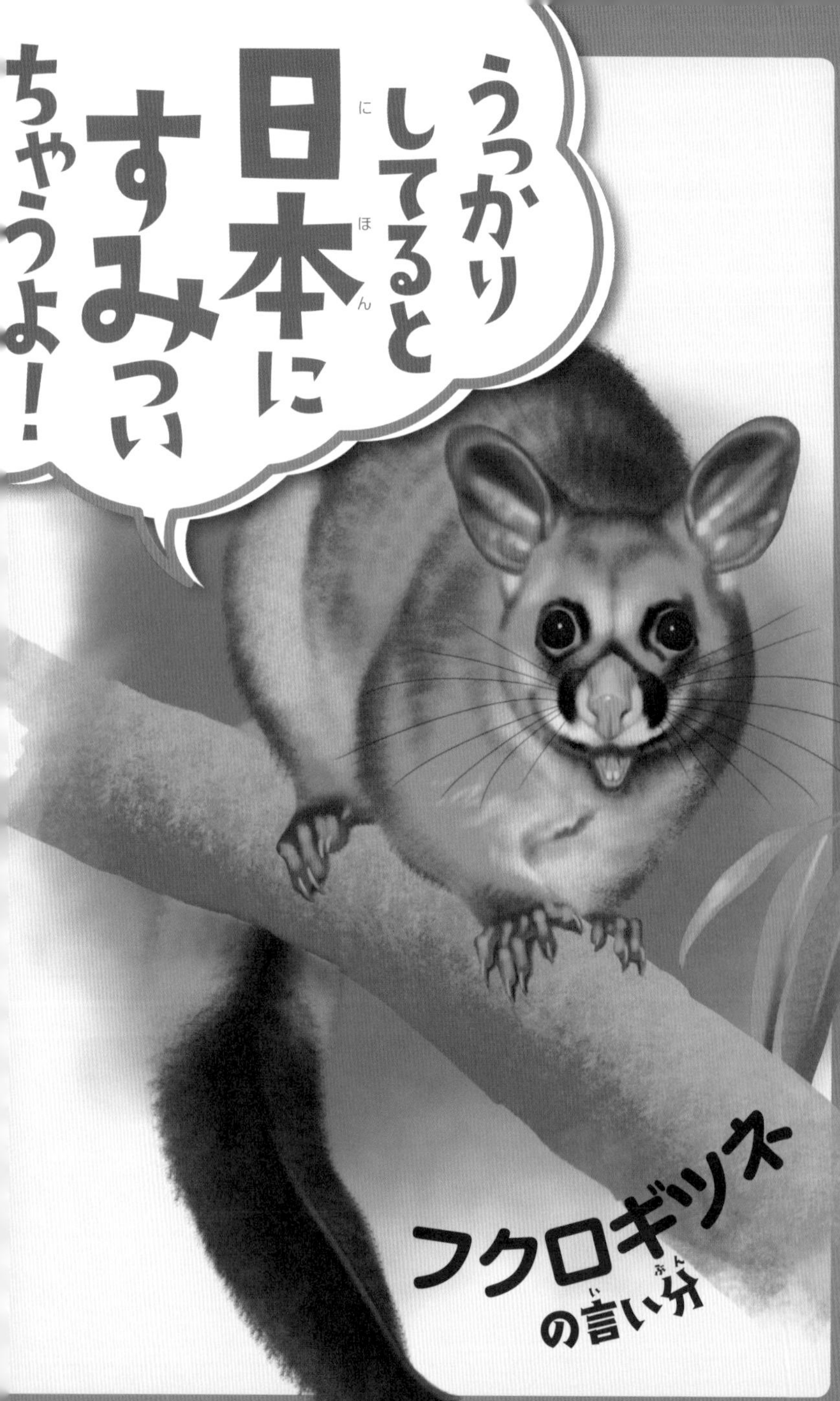
うっかりしてると日本《にほん》にすみついちゃうよ！

フクロギツネの言《い》い分《ぶん》

日本《にほん》にいつく可能性《かのうせい》は大《おお》きい…

フクロギツネは、コアラやカンガルーとおなじ有袋類《ゆうたいるい》のなかまだ。日本《にほん》では動物園《どうぶつえん》で見《み》られるほか、ペットとしても販売《はんばい》されていたよ。

原産地《げんさんち》のオーストラリアでは数《かず》がへって保護《ほご》の対象《たいしょう》なのだが、毛皮《けがわ》をとるために持《も》ちこまれたニュージーランドでは、天敵《てんてき》がいなかったこともあり、多《おお》いときには6000～7000万頭《まんとう》にもふくれあがって大繁殖《だいはんしょく》。鳥《とり》や昆虫《こんちゅう》などを根《ね》こそぎとらえて食《た》べ、いろいろな植物《しょくぶつ》の葉《は》、芽《め》、果実《かじつ》も食《た》べて、生態系《せいたいけい》に大《おお》きなダメージをあたえている。

日本《にほん》にはまだ定着《ていちゃく》はしていないが、日本《にほん》の気候《きこう》はフクロギツネにとって快適《かいてき》。ペットとしてたくさん販売《はんばい》されてきたこともあり、今後《こんご》さらに野《や》生《せい》に放《はな》されると繁殖《はんしょく》する可能《かのう》性《せい》は大《おお》きい。

—死《し》ぬまでたいせつに飼《か》ってくんなきゃねえ—フクロギツネは言《い》っているかも。

フクロギツネ

分類《ぶんるい》：ほ乳類《にゅうるい》カンガルー目《もく》クスクス科《か》
大《おお》きさ：体長《たいちょう》35～55cm
原産地《げんさんち》：オーストラリア
日本《にほん》の分布《ぶんぷ》：未定着《みていちゃく》
特定外来生物《とくていがいらいせいぶつ》：指定《してい》
世界《せかい》の侵略的外来種《しんりゃくてきがいらいしゅ》ワースト100：指定《してい》

ふえたわけ

環境適応力《かんきょうてきおうりょく》がバツグンなのだ

野生《やせい》では木《き》のうろを巣《す》にするが、ビルや民《みん》家《か》の屋根《やね》うらにすんだり、人《ひと》をあまり恐《おそ》れなかったりと、適応力《てきおうりょく》はバツグンなんだ。

育児《いくじ》のうから出《で》た子《こ》は、その後《ご》しばらく母親《ははおや》の背中《せなか》に乗《の》って育《そだ》てられる

ミシシッピアカミミガメの言《い》い分《ぶん》

小《ちい》さいうちだけかわいがってあきたからもういいって?!

ミシシッピアカミミガメ

分類《ぶんるい》：は虫類《ちゅうるい》カメ目《もく》ヌマガメ科《か》
大《おお》きさ：甲《こう》らの長《なが》さ20～28cm
原産地《げんさんち》：北《きた》アメリカ南部《なんぶ》
日本《にほん》の分布《ぶんぷ》：ほぼ全国《ぜんこく》の川《かわ》、沼《ぬま》、池《いけ》、水田《すいでん》
特定外来生物《とくていがいらいせいぶつ》：—
世界《せかい》の侵略的外来種《しんりゃくてきがいらいしゅ》ワースト100：指定《してい》

メスは1回《かい》に2～25個《こ》のたまごを産《う》む

ふえたわけ

とにかく長生《ながい》き

都市《とし》のややよごれた川《かわ》や公園《こうえん》の池《いけ》でも生《い》きられて長生《ながい》きだ。生息数《せいそくすう》が790万《まん》びきと、ニホンイシガメの8倍近《ばいちか》くもいる。

カメすくい

ペットとして飼《か》うためにつれてこられた…

1950年代後半《ねんだいこうはん》から、子《こ》ガメがミドリガメというなまえをつけられ、多《おお》いときには年間《ねんかん》100万《まん》びきも輸入《ゆにゅう》され、ペットショップで売《う》られたり、お祭《まつ》りの夜店《よみせ》でカメすくいの景品《けいひん》として売《う》られたりした。

子《こ》ガメのころはとっても愛《あい》らしいが、30年《ねん》生《い》きるものもいるほど長生《ながい》きで、大《おお》きくなると、気《き》があらく、攻撃的《こうげきてき》になるので、1960年代以降《ねんだいいこう》、野外《やがい》にすてる人《ひと》が続出《ぞくしゅつ》。魚《さかな》、カエル、水草《みずくさ》などなんでも食《た》べ、いまいちばん身近《みぢか》で見《み》られる淡水《たんすい》のカメになっている。

在来種《ざいらいしゅ》のニホンイシガメなどの食《た》べ物《もの》やすみかをうばったり、それらのたまごを食《た》べたりすることもある。でも、小学校《しょうがっこう》や幼稚園《ようちえん》などでも飼《か》われているので、まだ特定外来《とくていがいらい》生物《せいぶつ》には指定《してい》されていないよ。

—いいかげんな飼《か》い方《かた》をして、もてあましたらすてるなんて、勝手《かって》にもほどがあるぜ

—ミシシッピアカミミガメは言《い》っているかも。

カミツキガメの言《い》い分《ぶん》

ペットにするためにつれてこられた…

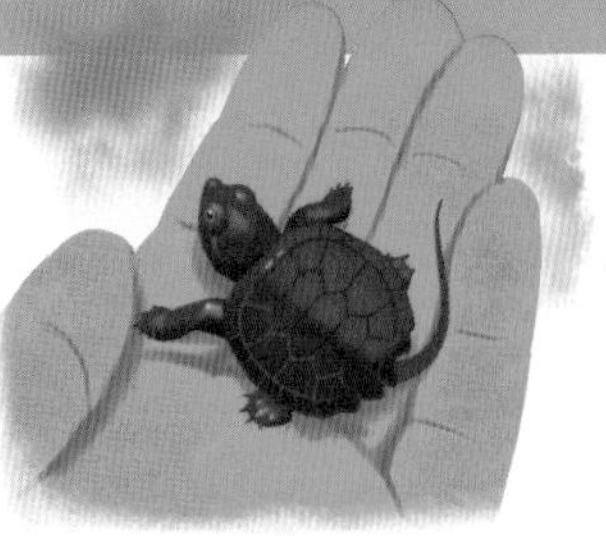

1960年代《ねんだい》から、ペットとしてたくさん輸入《ゆにゅう》された。というのも、赤《あか》ちゃんのときは手《て》のひらの4分《ぶん》の1ほどのサイズで、とってもキュートだから。ところが、成長《せいちょう》につれて巨大化《きょだいか》し、攻撃的《こうげきてき》になって、もてあまして、すてちゃう。繁殖《はんしょく》して定着《ていちゃく》している千葉県《ちばけん》の印旛沼周辺《いんばぬましゅうへん》では、1万《まん》6000びきにもなっているんだって。

夜行性《やこうせい》なので、人《ひと》がかまれる心配《しんぱい》はすくないが、つかまえようとすると、首《くび》をスッポンのようにのばし、くちばしのようになった口《くち》でかみつく。かむ力《ちから》は強力《きょうりょく》だから、大《おお》けがのおそれもあるのだ。雑食《ざっしょく》性《せい》でなんでも食《た》べ、在来種《ざいらいしゅ》の魚《さかな》、カニ、エビ、カエル、ヘビ、カメなどに大《おお》きな影響《えいきょう》をあたえているので、しかけたわなで捕獲《ほかく》されている。

——おれたちは長生《ながい》きで、体《からだ》はどんどん大《おお》きくなるし、かむ力《ちから》も強《つよ》くなるのを知《し》らないの?——カミツキガメは言《い》っているかも。

カミツキガメ

分類《ぶんるい》：は虫類《ちゅうるい》カメ目《もく》カミツキガメ科《か》
大《おお》きさ：甲《こう》らの長《なが》さ約《やく》50cm
原産地《げんさんち》：北《きた》アメリカ～中央《ちゅうおう》アメリカ
日本《にほん》の分布《ぶんぷ》：東北南部《とうほくなんぶ》～九州《きゅうしゅう》の水辺《みずべ》
千葉県印旛沼周辺《ちばけんいんばぬましゅうへん》、静岡県《しずおかけん》で定着《ていちゃく》
特定外来生物《とくていがいらいせいぶつ》：指定《してい》
世界《せかい》の侵略的外来種《しんりゃくてきがいらいしゅ》ワースト100：—

ふえたわけ

大《おお》きくなってからすてられるので敵《てき》なし
原産地《げんさんち》と日本《にほん》の環境《かんきょう》がにていて、くらしやすい。なんでも食《た》べて、体《からだ》がじょうぶで長生《ながい》き。大《おお》きくなってからすてられるから、日本《にほん》のカメに競《せ》り勝《か》ち、敵《てき》にもおそわれにくい。

クサガメ

グリーンアノールの言《い》い分《ぶん》

オガサワラシジミ
オガサワラ
トカゲ
カメレオン
みたいな
人《に》《ん》気《き》者《もの》
なのに、
すてちゃうん
だからね！

荷物《にもつ》にまぎれたり、ペットとしてつれてこられたりした…

アメリカカメレオンともよばれ、体色《たいしょく》を急速《きゅうそく》に変《か》えられるのが気《き》に入《い》られて、ペットとして人気者《にんきもの》だったんだ。

最初《さいしょ》は1960年代《ねんだい》に、小《お》笠原諸島《がさわらしょとう》の父島《ちちじま》で見《み》つかったよ。戦争《せんそう》のあとに駐留《ちゅうりゅう》していたアメリカ軍《ぐん》の荷物《にもつ》にまぎれて侵入《しんにゅう》したり、ペットとして飼《か》われていたものがすてられたりしたようだ。原産地《げんさんち》の気《き》候《こう》や環境《かんきょう》ににていたのか、いまでは母島《ははじま》のほか、沖縄島《おきなわじま》でも見《み》つかっている。

大食《おおぐ》らいで、島《しま》の固有種《こゆうしゅ》のチョウやトカゲを手当《てあ》たりしだいに食《た》べちゃう。かわいそうだが、地道《じみち》にわなでつかまえたり、トカゲが侵入《しんにゅう》できないようなフェンスでかこって、つかまえたりしている。

—**勝手《かって》につれてきておいて、すてられた身《み》にもなってみなよ。生《い》きるために必死《ひっし》なんだから**—グリーンアノールは言《い》っているかも。

色《いろ》が変《か》わる

ふえたわけ

春《はる》から秋《あき》まで繁殖《はんしょく》し続《つづ》ける

繁殖期《はんしょくき》には毎週《まいしゅう》のように産《さん》卵《らん》して、よくふえる。目《め》がよく、すぐにえものを見《み》つけてかけより、大《おお》きな口《くち》で食《た》べてしまう。

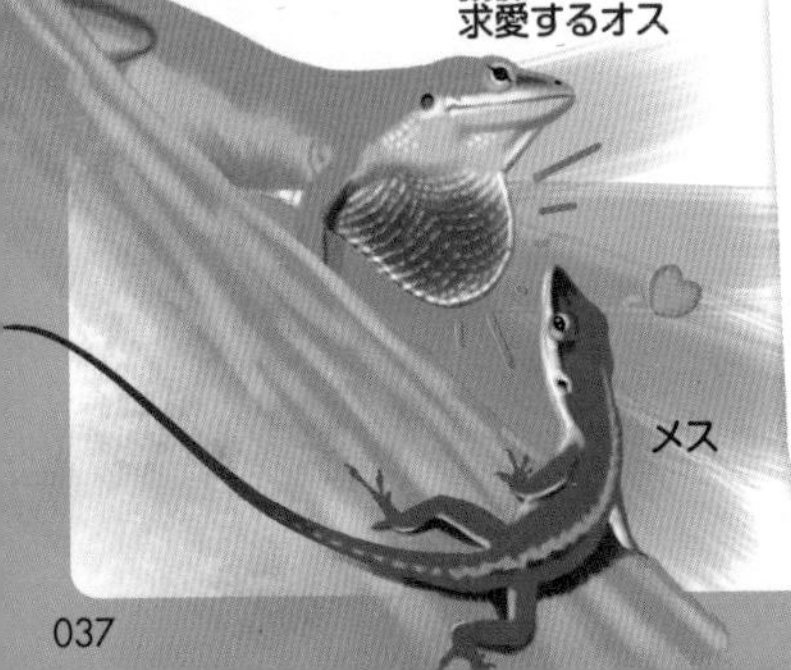

グリーンアノール

分類《ぶんるい》：は虫類有鱗目《ちゅうるいゆうりんもく》イグアナ科《か》
大《おお》きさ：全長《ぜんちょう》オス18〜20cm、メス12〜18cm
原産地《げんさんち》：北《きた》アメリカ南部《なんぶ》〜中央《ちゅうおう》アメリカ
日本《にほん》の分布《ぶんぷ》：小笠原諸島《おがさわらしょとう》、沖縄島《おきなわじま》の林《はやし》のふちや民家《みんか》の樹木《じゅもく》
特定外来生物《とくていがいらいせいぶつ》：指定《してい》
世界《せかい》の侵略的外来種《しんりゃくてきがいらいしゅ》ワースト100：—

タイワンハブの言《い》い分《ぶん》

ハブ酒《しゅ》をつくるためにつれてこられた…

ハブ酒《しゅ》

動《うご》きはとてもすばやい。毒《どく》はハブの1.2倍《ばい》強《つよ》いという。

1970年代《ねんだい》以降《いこう》、90年代《ねんだい》まで、マングースとの対決《たいけつ》ショーや、ハブ酒《しゅ》をつくるために、台湾《たいわん》からたくさんつれてこられたものが、にげ出《だ》したり、すてられたりしたようだ。沖縄県《おきなわけん》名《な》護《ご》市《し》周辺《しゅうへん》では、生息数《せいそくすう》が急《きゅう》増中《ぞうちゅう》だ。

アカヒゲ、オキナワトゲネズミ、ハナサキガエル、ホルストガエル、バーバートカゲなど、希少《きしょう》な在来種《ざいらいしゅ》をとらえて食《た》べる。在来種《ざいらいしゅ》のハブと交《こう》雑《ざつ》することも考《かんが》えられる。人《にん》間《げん》がかまれて、毒《どく》の被害《ひがい》をうけることもある。

もともと石垣島《いしがきじま》から西表島《いりおもてじま》に生息《せいそく》しているサキシマハブも、沖縄島《おきなわじま》に持《も》ちこまれて国《こく》内外来種《ないがいらいしゅ》となっているが、タイワンハブとよくにていて、まぎらわしいんだ。

—ハブとマングースはたたかわないよ。しかもハブ酒《しゅ》なんて、みんなすきじゃないんでしょ—タイワンハブは言《い》っているかも。

タイワンハブ

分類《ぶんるい》：は虫類有鱗目《ちゅうるいゆうりんもく》クサリヘビ科《か》
大《おお》きさ：体長《たいちょう》60～130cm
原産地《げんさんち》：台湾《たいわん》、東南《とうなん》アジア
日本《にほん》の分布《ぶんぷ》：沖縄島北部《おきなわじまほくぶ》の森林《しんりん》や草《くさ》むらなど
特定外来生物《とくていがいらいせいぶつ》：指定《してい》
世界《せかい》の侵略的外来種《しんりゃくてきがいらいしゅ》ワースト100：—

ふえたわけ

住宅地《じゅうたくち》でもすむことができる

原産地《げんさんち》では高地《こうち》から平地《へいち》の森林《しんりん》まで、いろいろな場所《ばしょ》にすむ。草地《くさち》や湿地《しっち》があれば、住宅《じゅうたく》地《ち》でもすむことができて、温暖《おんだん》な沖縄《おきなわ》は生《い》きのびやすい。

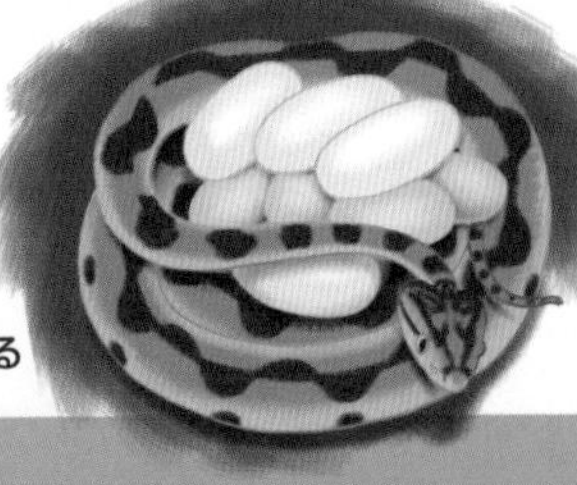

たまごを守《まも》る

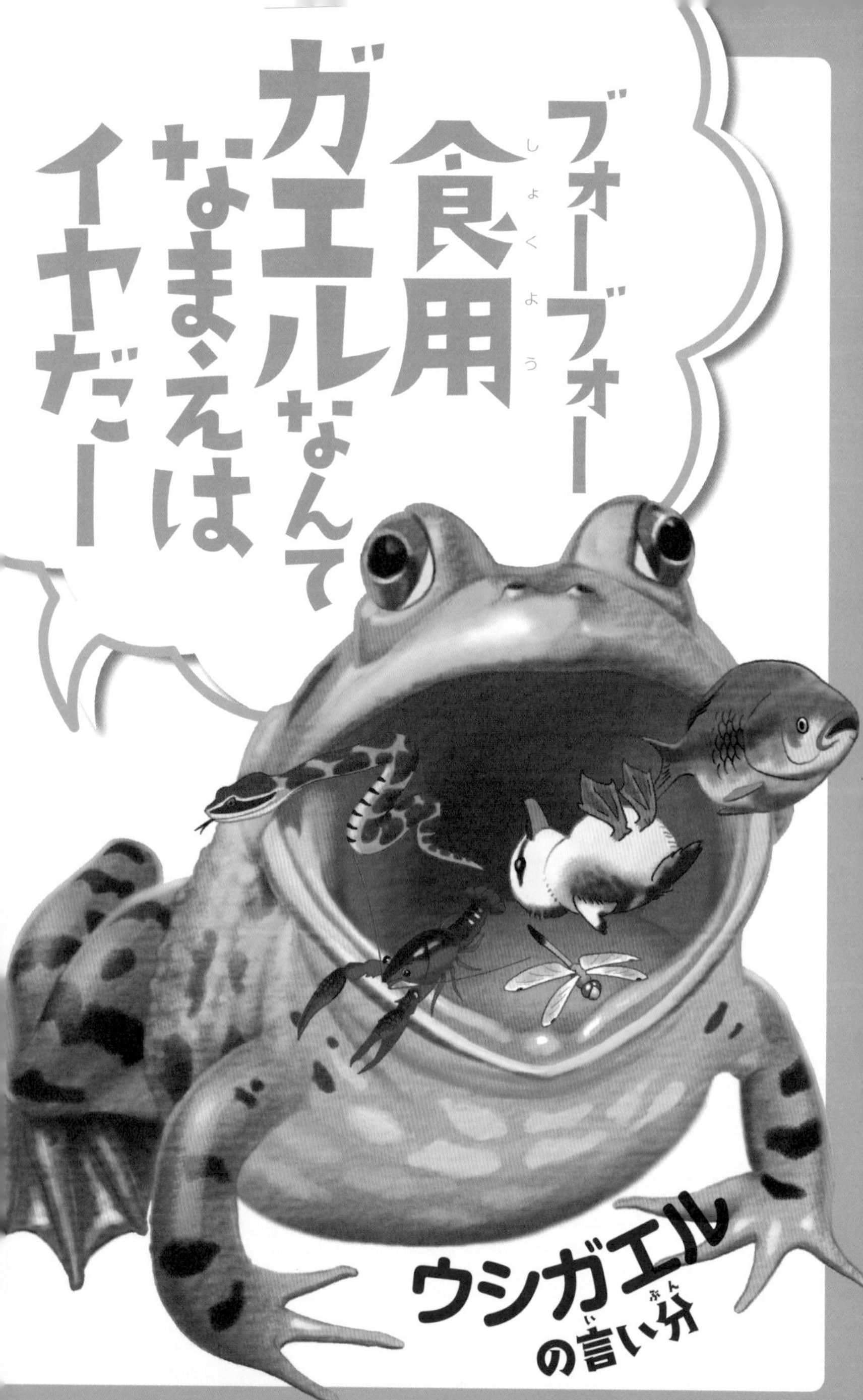
ブォーブォー
食用《しょくよう》ガエルなんて
なまえはイヤだー

ウシガエルの言《い》い分《ぶん》

食用《しょくよう》としてつれてこられた・・・

ブォー!
ブォー!
初夏《しょか》〜夏《なつ》の夜《よる》、水辺《みずべ》でウシのような大《おお》きな鳴《な》き声《ごえ》がぶきみにひびきわたる。ウシガエルのオスが、なわばりを主《しゅ》張《ちょう》しているんだ。

ウシガエルは巨大《きょだい》なカエルで、おもに、あしを食用《しょくよう》にするために、1910年代《ねんだい》につれてこられた。いまとちがい、むかしの日本《にほん》は食料《しょくりょう》がとぼしかったんだね。食用《しょくよう》ガエルともよばれ、各地《かくち》に分《わ》けられ、さかんに養殖《ようしょく》された。

日本《にほん》が豊《ゆた》かになって食材《しょくざい》として利用《りよう》されなくなると、養《よう》殖池《しょくいけ》からにげ出《だ》したり、あわれなことに野外《やがい》にポイっとすてられたりした。でも、大《おお》きい体《からだ》で、口《くち》に入《はい》るものなら、ザリガニ、魚《さかな》、ヘビ、ほかのカエル、小鳥《ことり》、昆虫《こんちゅう》など、なんでも食《た》べて生《い》きのびたんだ。

在来種《ざいらいしゅ》のカエルを圧倒《あっとう》するなど、地域《ちいき》の生態系《せいたいけい》をこわすとして、成体《せいたい》、たまご、オタマジャクシが捕獲《ほかく》されている。

―食《た》べるために勝手《かって》につれてきて、けんめいに生《い》きてきたのに駆除《くじょ》だなんて、ひどい!―ウシガエルは言《い》っているかも。

ウシガエル

分類《ぶんるい》:両生類無尾目《りょうせいるいむびもく》アカガエル科《か》
大《おお》きさ:体長《たいちょう》15〜20cm
原産地《げんさんち》:北《きた》アメリカ
日本《にほん》の分布《ぶんぷ》:ほぼ全国《ぜんこく》の川《かわ》、用水路《ようすいろ》、池沼《ちしょう》、水田《すいでん》など
特定外来生物《とくていがいらいせいぶつ》:指定《してい》
世界《せかい》の侵略的外来種《しんりゃくてきがいらいしゅ》ワースト100:指定《してい》

ふえたわけ

体《からだ》が大《おお》きくて敵《てき》なし!
体長《たいちょう》は20cmにもなり、在来種《ざいらいしゅ》のトノサマガエルの2倍以上《ばいいじょう》の大《おお》きさで地域《ちいき》の生物《せいぶつ》を圧倒《あっとう》。ザリガニ、魚《さかな》、ヘビ、昆虫《こんちゅう》…なんでも食《た》べて、生命力《せいめいりょく》・繁殖力《はんしょくりょく》が強《つよ》いんだ。

ウシガエル　トノサマガエル

見《み》たことあるかな？外来生物《がいらいせいぶつ》

アライグマ

毛色《けいろ》は灰色《はいいろ》から明《あか》るい茶褐色《ちゃかっしょく》。目《め》をおおうようにして顔《かお》に太《ふと》くて黒《くろ》い横帯《よこおび》がある。尾《お》には黒《くろ》い輪《わ》のもようが4～10本《ぼん》ある。オスはメスより大《おお》きい。

キョン

胴《どう》が長《なが》く、あしは短《みじか》い。毛色《けいろ》は茶褐色《ちゃかっしょく》で、腹側《はらがわ》は黄《き》色《いろ》がかっている。あしは黒褐色《こっかっしょく》。目《め》の上《うえ》から頭頂部《とうちょうぶ》にかけて黒《くろ》い線《せん》がある。オスは短《みじか》い角《つの》を持《も》つ。

ヌートリア

大《おお》きなドブネズミのような体《からだ》つきをしているが、目《め》や耳《みみ》が小《ちい》さい。後《うし》ろあしは前《まえ》あしより長《なが》く、第《だい》1指《し》から第《だい》4指《し》の間《あいだ》に水《みず》かきがある。尾《お》は円筒状《えんとうじょう》。

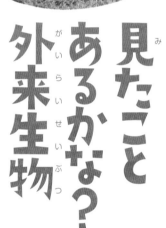

フイリマングース

体《からだ》が細長《ほそなが》く、あしは短《みじか》い。体《からだ》は黒《くろ》や褐色《かっしょく》、黄色《きいろ》の毛《け》におおわれる。鼻先《はなさき》はとがり、耳《みみ》は短《みじか》く丸《まる》い。尾《お》は太《ふと》いが先《さき》の方《ほう》は細《ほそ》い。オスの方《ほう》が大《おお》きい。

ウシガエル

大型《おおがた》で後《うし》ろあしの水《みず》かきが発達《はったつ》している。背中《せなか》はオスが緑色《みどりいろ》、メスが褐色《かっしょく》。腹側《はらがわ》は白《しろ》いが、オスはのどが黄色《きいろ》っぽい。オスの鼓膜《こまく》は目《め》の直径《ちょっけい》の1.5倍《ばい》ほどもある。

ミシシッピアカミミガメ

甲《こう》らの中央《ちゅうおう》に、すじ状《じょう》の盛《も》りあがりがある。頭《あたま》の両側《りょうがわ》に赤《あか》に近《ちか》いオレンジ色《いろ》の紋《もん》がある。オスは黒《くろ》っぽく、まっ黒《くろ》なものもいる。幼体《ようたい》は体《からだ》が緑色《みどりいろ》っぽい。

インドクジャクの言《い》い分《ぶん》

観賞用《かんしょうよう》としてつれてこられた…

インドクジャク

分類《ぶんるい》：鳥類《ちょうるい》キジ目《もく》キジ科《か》
大《おお》きさ：全長《ぜんちょう》オス1.8～2.3m、メス0.9～1m
原産地《げんさんち》：インド、スリランカ、パキスタン、バングラデシュなど
日本《にほん》の分布《ぶんぷ》：沖縄県《おきなわけん》の先島諸島《さきしましょとう》、福島県《ふくしまけん》、滋賀県《しがけん》、三重県《みえけん》などの農地《のうち》や牧場《ぼくじょう》、林《はやし》
特定外来生物《とくていがいらいせいぶつ》：ー
世界《せかい》の侵略的外来種《しんりゃくてきがいらいしゅ》ワースト100：ー

オスが尾羽《おばね》の上《うえ》のかざり羽《ばね》を広《ひろ》げると、金属光沢《きんぞくこうたく》と、たくさんの目玉《めだま》もようがあらわれる。ゴージャスな鳥《とり》として、動物園《どうぶつえん》などでも人気者《にんきもの》だ。

沖縄県《おきなわけん》では、1980年《ねん》ごろ、あるホテルに、お客《きゃく》さんに見《み》せるためにつれてこられた。そこで繁殖《はんしょく》してふえたために、各地《かくち》に贈《おく》られたが、ちゃんと管理《かんり》されなかったので野《や》外《がい》に脱走《だっそう》した。そして、あたたかい沖縄《おきなわ》の気候《きこう》がよく適《てき》し、決定的《けっていてき》な天敵《てんてき》がいないこともあって大繁栄《だいはんえい》。島《しま》の固有《こゆう》のトカゲやチョウを捕食《ほしょく》したり、サトウキビやサツマイモの芽《め》、果《は》ては牧場《ぼくじょう》の家《か》ちくのえさまで食《た》べてしまったりと、たいへんなやっかいものとなってしまった。

—**日本《にほん》にはおれたちみたいなゴージャスな鳥《とり》っていないじゃん。いなくなるとさみしくなるんじゃないの？**—インドクジャクは言《い》っているかも。

ふえたわけ

生《う》まれ故郷《こきょう》ににた、あたたかい島《しま》でのびのび

もともとの生息地《せいそくち》であるインドやパキスタンなどと、沖縄県《おきなわけん》のあたたかい気候《きこう》がよくにていて、くらしやすかったんだ。さらに、天敵《てんてき》となる肉食《にくしょく》の動物《どうぶつ》や大型《おおがた》のワシ・タカがいなかったのも、さいわいだった。

メスとひな

おれらのダンスや鳴《な》きまねに大《おお》よろこびしていたのになぜ？

ワカケホンセイインコの言《い》い分《ぶん》

ペットとして飼《か》うためにつれてこられた…

あざやかな緑色《みどりいろ》をした鳥《とり》が、群《む》れで飛《と》んでいる。あれは…インコじゃないか!

人《ひと》のおしゃべりをまねしたり、つばさをちょっと開《ひら》き、体《からだ》を左右《さゆう》にふるユーモラスなダンスをおどったり、ペットとして人気《にんき》がある。

ところが1960年代以降《ねんだいいこう》に、野生《やせい》での繁殖《はんしょく》が確認《かくにん》された。20年《ねん》も長生《ながい》きして、キュアキュアキュアと大《おお》きな声《こえ》で鳴《な》く。マンションなどで、大《おお》きな鳴《な》き声《ごえ》を気《き》にして、もてあました飼《か》い主《ぬし》が、外《そと》に放《はな》してしまったものがふえたんだ。

かわいい鳥《とり》なんだけど…。ほかの鳥《とり》が使《つか》う巣《す》や、食《た》べ物《もの》をのっとる、こまりもの。日中《にっちゅう》は、つがいや群《む》れで行動《こうどう》し、夜《よる》に公園《こうえん》や神社《じんじゃ》の木《き》などのねぐらで集団《しゅうだん》でねむる。また、ペットショップなどで販売《はんばい》されているよ。

—飼《か》うんなら、長生《ながい》きで大《おお》きな声《こえ》で鳴《な》くことをよーく考《かんが》えてからね—ワカケホンセイインコは言《い》っているかも。

ワカケホンセイインコ

分類《ぶんるい》：鳥類《ちょうるい》インコ目《もく》インコ科《か》
大《おお》きさ：全長《ぜんちょう》42cm
原産地《げんさんち》：インド、スリランカ
日本《にほん》の分布《ぶんぷ》：おもに関東地方《かんとうちほう》の公園《こうえん》、庭《にわ》、神社《じんじゃ》など
特定外来生物《とくていがいらいせいぶつ》：—
世界《せかい》の侵略的外来種《しんりゃくてきがいらいしゅ》ワースト100：—

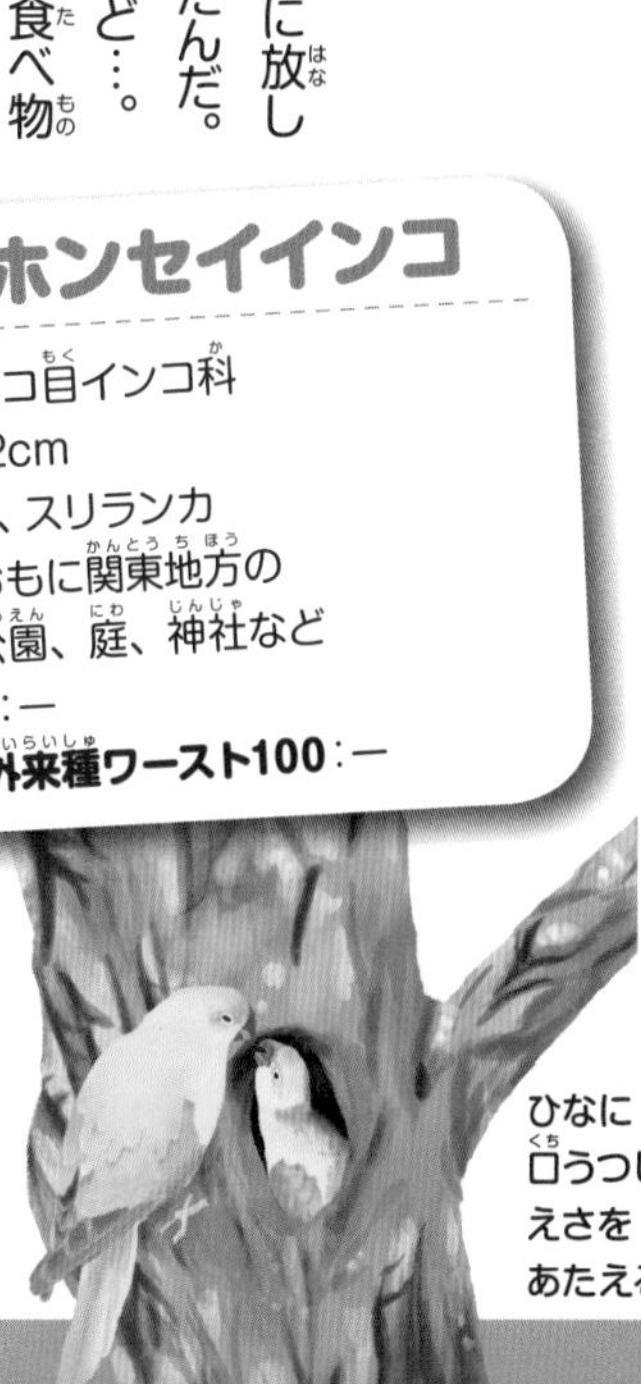

ふえたわけ

環境《かんきょう》への適応力《てきおうりょく》がバツグンなんだ

原産地《げんさんち》で、もともと低地《ていち》から高地《こうち》、森林《しんりん》、草原《そうげん》、都市部《としぶ》など、さまざまな環境《かんきょう》に適応《てきおう》していた。日本《にほん》でも、公園《こうえん》、庭《にわ》、街路《がいろ》などで大《だい》すきな花《はな》や果実《かじつ》がいつでも食《た》べられる。

日本《にほん》に長《なが》くいて、そんなわるさはしてないよ！

ソウシチョウの言《い》い分《ぶん》

ペットとして飼《か》うためにつれてこられた…

赤《あか》いくちばしに、全身《ぜんしん》がいろんな色《いろ》でとってもきれい！古《ふる》く江戸時代《えどじだい》から、飼《か》い鳥《どり》として中国《ちゅうごく》から輸入《ゆにゅう》されてきた。

しかもこの鳥《とり》には、もうひとつ大《おお》きなはたらきをさせる目的《もくてき》もあった。日本《にほん》では民《みん》間薬《かんやく》として、ニキビの治療《ちりょう》のためにウグイスのふんが使《つか》われてきた。ソウシチョウは繁殖力《はんしょくりょく》が強《つよ》く、よくふえるので、ウグイスのかわりにふんが利用《りよう》されたんだ。

1980年代以降《ねんだいいこう》、中国《ちゅうごく》との貿易《ぼうえき》がさかんになって、たくさんのソウシチョウが輸入《ゆにゅう》された。でも、あまり人気《にんき》が出《で》ず、つぶれたペット業者《ぎょうしゃ》が野外《やがい》に放《はな》した。そして持《も》ち前《まえ》の繁殖力《はんしょくりょく》を発揮《はっき》して、日本《にほん》に定着《ていちゃく》してしまった。大《おお》きな影響《えいきょう》はないようだが、林《はやし》のやぶなどを利用《りよう》するウグイスやコルリを圧迫《あっぱく》しているのではないかと心配《しんぱい》されている。

—日本《にほん》では古《ふる》くから飼《か》われていて、わたしたちにとっては、日本《にほん》は第二《だいに》のふるさとなんだよ—ソウシチョウは言《い》っているかも。

ソウシチョウ

分類《ぶんるい》：鳥類《ちょうるい》スズメ目《もく》チメドリ科《か》
大《おお》きさ：全長《ぜんちょう》15cm
原産地《げんさんち》：インド～中国中部《ちゅうごくちゅうぶ》・南部《なんぶ》
日本《にほん》の分布《ぶんぷ》：本州《ほんしゅう》、四国《しこく》、九州《きゅうしゅう》の林《はやし》など
特定外来生物《とくていがいらいせいぶつ》：指定《してい》
世界《せかい》の侵略的外来種《しんりゃくてきがいらいしゅ》ワースト100：—

3～4個《こ》のたまごを産《う》む

ふえたわけ

環境《かんきょう》への適応力《てきおうりょく》がバツグンなんだ

林《はやし》の下《した》のササやぶなど、もともとすんでいた自然《しぜん》環境《かんきょう》とにかよった環境《かんきょう》があり、よく日本《にほん》に適応《てきおう》して繁殖《はんしょく》をしたようだ。

声《こえ》が大《おお》きいのはぼくたちのとくちょうなの！

ガビチョウの言《い》い分《ぶん》

カオジロガビチョウ
インド～中国原産《ちゅうごくげんさん》
全長《ぜんちょう》25cm

カオグロガビチョウ
中国原産《ちゅうごくげんさん》
全長《ぜんちょう》30cm

ヒゲガビチョウ
インド～中国原産《ちゅうごくげんさん》
全長《ぜんちょう》24cm

鳴《な》き声《ごえ》を楽《たの》しむためにつれてこられた…

ヒュイーユー　ヒュイーユー　ピピリュピピリュ…。林《はやし》の中《なか》から、ふくざつで美《うつく》しいさえずりが響《ひび》いてくる。だけど、かなり声《こえ》がでかい。ガビチョウだ!

　鳴《な》き声《ごえ》が美《うつく》しいことから、中国《ちゅうごく》ではむかしから飼《か》われていて、日本《にほん》には江戸時代《えどじだい》からさかんに輸入《ゆにゅう》されてきた。飼《か》われた当初《とうしょ》は、いい声《こえ》だね～なんてほめられてたのに、あまりにも大《おお》きい声《こえ》でうるさいと、しだいにけむたがられ始《はじ》めた。また、オウムなどの美《うつく》しい洋鳥《ようちょう》が輸入《ゆにゅう》されるようになると、地味《じみ》なガビチョウはあきられて、野外《やがい》に放《はな》された。

　そして、せっかく日本《にほん》で生《い》きのびたのに、おなじようにやぶを好《この》むウグイスやアカハラなどの在来種《ざいらいしゅ》を圧迫《あっぱく》するのではないかと心配《しんぱい》されている。なかまのカオジロガビチョウ、カオグロガビチョウ、ヒゲガビチョウもおなじ境遇《きょうぐう》だ。

―いまの日本人《にほんじん》は、おれたちのいい声《こえ》がわからないんだな―ガビチョウは言《い》っているかも。

ガビチョウ

分類《ぶんるい》：鳥類《ちょうるい》スズメ目《もく》チメドリ科《か》
大《おお》きさ：全長《ぜんちょう》25cm
原産地《げんさんち》：中国南部《ちゅうごくなんぶ》～東南《とうなん》アジア
日本《にほん》の分布《ぶんぷ》：東北地方《とうほくちほう》～九州《きゅうしゅう》の平地《へいち》や低山《ていざん》の林《はやし》や竹林《ちくりん》
特定外来生物《とくていがいらいせいぶつ》：指定《してい》
世界《せかい》の侵略的外来種《しんりゃくてきがいらいしゅ》ワースト100：―

ふえたわけ

やぶや林《はやし》の地面《じめん》にいて見《み》つかりにくい
昆虫《こんちゅう》、種《たね》、果実《かじつ》など、なんでも食《た》べる雑《ざっ》食性《しょくせい》なので、食《た》べ物《もの》にあまりこまらない。しかもおもに、やぶや林《はやし》の中《なか》にいて見《み》つかりにくく、天敵《てんてき》にとらえられにくい。

やぶの中《なか》の巣《す》

ジャンボ
タニシなんて
なまえつけて。
タニシ
じゃない
んだよ！

スクミリンゴガイの言《い》い分《ぶん》

食用《しょくよう》のために持《も》ちこまれた…

ジャンボタニシともよばれる。日本《にほん》には、むかしからタニシを食《た》べる食習慣《しょくしゅうかん》があった。そこで食用《しょくよう》として、1981年《ねん》以降《いこう》に台湾《たいわん》から持《も》ちこまれた。ほんとうはタニシ科《か》ではなくて、リンゴガイ科《か》の巻《ま》き貝《がい》なんだけどね。

全国《ぜんこく》に養殖場《ようしょくじょう》がつくられたけど、若《わか》くてやわらかいイネの苗《なえ》を食害《しょくがい》するなどとして、1984年《ねん》に検疫有害動物《けんえきゆうがいどうぶつ》に指定《してい》されて、商品《しょうひん》としての価値《かち》がなくなり、野外《やがい》にすてられた。

イネやイグサなどの植物《しょくぶつ》の茎《くき》や用水路《ようすいろ》のかべに、200〜300個《こ》のたまごがまとまったピンク色《いろ》の卵《らん》かいをいくつも産《う》みつけて大繁殖《だいはんしょく》している。たまごをまとめている粘液《ねんえき》は乾燥《かんそう》してかたくなり、卵《らん》かいは、茎《くき》やかべから、かんたんにはがれないので、やっかいだ!

—**もともとタニシなんか、すきじゃないんでしょ?**—スクミリンゴガイは言《い》っているかも。

スクミリンゴガイ

分類《ぶんるい》:軟体動物貝類《なんたいどうぶつかいるい》リンゴガイ科《か》
大《おお》きさ:からの高《たか》さ5cm以上《いじょう》
原産地《げんさんち》:南《みなみ》アメリカ
日本《にほん》の分布《ぶんぷ》:関東《かんとう》〜沖縄県《おきなわけん》の水田《すいでん》、水路《すいろ》など
特定外来生物《とくていがいらいせいぶつ》:ー
世界《せかい》の侵略的外来種《しんりゃくてきがいらいしゅ》ワースト100:指定《してい》

ふえたわけ

最強《さいきょう》の生命力《せいめいりょく》

さむくなれば土《つち》の中《なか》にもぐり、乾《かん》燥《そう》すると、からにふたをして代謝《たいしゃ》を下《さ》げることで、長《なが》い期間《きかん》たえることができる。最強《さいきょう》だ!

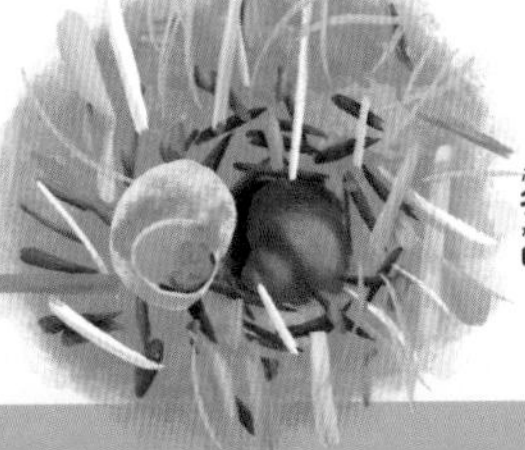

冬《ふゆ》はどろの中《なか》ですごす

気《き》持《も》ちが
わるいって？
ほんとに
食《た》べたこ
かったこ
のかよ！

アフリカマイマイの言《い》い分《ぶん》

〃ちょくせつ手《て》でさわらないで！

ヤマヒタチオビ
アメリカ、中南米原産《ちゅうなんべいげんさん》
からの高《たか》さ5～6cm

郵便はがき

料金受取人払郵便

牛込局承認

7148

差出有効期間
2022年7月31日
（期間後は切手を
おはりください。）

162-8790

東京都新宿区市谷砂土原町 3-5

偕成社 愛読者係 行

ご住所	〒□□□-□□□□　都・道 府・県 ふりがな		
お名前	ふりがな	お電話	

●ロングセラー＆ベストセラー目録の送付を…… □希望する　□希望しない

●新刊案内を…… □希望する→メールマガジンでご対応しております。メールアドレスをご記入ください。
□希望しない

@

偕成社の本は、全国の書店でおとりよせいただけます。

小社から直接ご購入いただくこともできますが、その際は本の代金に加えて送料＋代引き手数料（300円～600円）を別途申し受けます。あらかじめご了承ください。ご希望の際は 03-3260-3221 までお電話ください。

SNS（Twitter・Instagram・LINE・Facebook）でも本の情報をお届けしています。くわしくは偕成社ホームページをご覧ください。

オフィシャルサイト
偕成社ホームページ
http://www.kaiseisha.co.jp/

偕成社ウェブマガジン
kaisei web
http://kaiseiweb.kaiseisha.co.jp/

＊ご記入いただいた個人情報は、お問い合わせへのお返事、目録の送付以外の目的には使用いたしません。

ご愛読ありがとうございます

今後の出版の参考のため、みなさまのご意見・ご感想をお聞かせください。

〈年齢・性別の項目へのご回答は任意です〉

この本の書名『　　　　　　　　　　　　　　　　　　』

この本の読者との関係

□ご本人　□その他（　　　　　　　　　　　　　　　　　）

ご年齢（読者がお子さまの場合お子さまの年齢）　　　　歳（性別　　　　）

この本のことは、何でお知りになりましたか?

□書店店頭　□新聞広告　□新聞・雑誌の記事　□ネットの記事　□人にすすめられて
□図書館・図書室　□偕成社の目録　□偕成社のHP・SNS
□その他（　　　　　　　　　　　　　　　　　）

作品へのご感想、ご意見、作者へのおたよりなど、お聞かせください。

ご感想を、匿名でウェブサイトをふくむ宣伝物に使用させていただいてもよろしいですか?　□匿名で可　□不可

やはり食用《しょくよう》のために持《も》ちこまれた…

食糧難《しょくりょうなん》の昭和時代《しょうわじだい》の初期《しょき》、食用《しょくよう》として利用《りよう》するために、沖縄《おきなわ》や小笠原《おがさわら》諸島《しょとう》に持《も》ちこまれ、さかんに養殖《ようしょく》された。

ところが第二次世界大戦後《だいにじせかいたいせんご》、日本《にほん》が豊《ゆた》かになると、もともと日本人《にほんじん》に陸貝《りくがい》を食《た》べる習慣《しゅうかん》がなかったうえに、巨大《きょだい》でグロテスクなすがたがきらわれるようになった。トホホ。

しかも広東住血線虫《カントンじゅうけつせんちゅう》を体内《たいない》に持《も》っていて、人《ひと》に感染《かんせん》すると重《おも》い病気《びょうき》をひき起《お》こすということがわかり、さらにさけられて、各地《かくち》で放置《ほうち》されたために爆発的《ばくはつてき》にふえてしまった。

夜行性《やこうせい》で、大型《おおがた》なのに意外《いがい》なスピードで移動《いどう》。雑食性《ざっしょくせい》で、作物《さくもつ》に被害《ひがい》をあたえる。葉《は》や果実《かじつ》の上《うえ》をはった粘液《ねんえき》にも線虫《せんちゅう》がいて、被害《ひがい》が大《おお》きくなる。

また、アフリカマイマイの天敵《てんてき》として小笠原《おがさわら》に持《も》ちこんだ、ヤマヒタチオビという陸貝《りくがい》は、アフリカマイマイなんかに目《め》もくれず、島《しま》の固有《こゆう》の陸貝《りくがい》を食《た》べまくって、いくつかの種《しゅ》は絶滅《ぜつめつ》した。

—人間《にんげん》って、なにも学《まな》ばなかったのね—アフリカマイマイは言《い》っているかも。

アフリカマイマイ

分類《ぶんるい》：軟体動物貝類《なんたいどうぶつかいるい》アフリカマイマイ科《か》
大《おお》きさ：からの高《たか》さ10cm
原産地《げんさんち》：東《ひがし》アフリカ
日本《にほん》の分布《ぶんぷ》：小笠原諸島《おがさわらしょとう》、南西諸島《なんせいしょとう》、鹿児島県《かごしまけん》の畑《はたけ》のそばの草地《くさち》や林《はやし》のふちのやぶ
特定外来生物《とくていがいらいせいぶつ》：—
世界《せかい》の侵略的外来種《しんりゃくてきがいらいしゅ》ワースト100：指定《してい》

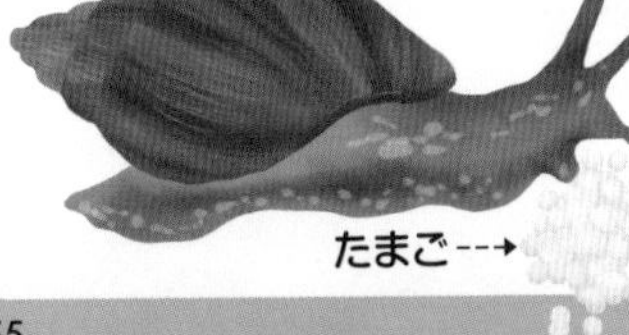

ふえたわけ

最強《さいきょう》の繁殖力《はんしょくりょく》

アフリカ生《う》まれで乾燥《かんそう》に強《つよ》い。繁殖力《はんしょくりょく》がはんぱじゃない。100〜1000個《こ》のたまごを10日《か》ほどの間《かん》かくで、なんどでも産《う》む。

すきで日本《にほん》にやってきたわけじゃないんだよ！

ムラサキイガイの言《い》い分《ぶん》

船《ふね》のバラスト水《すい》にまぎれてつれてこられた・・・

―むしたり、スパゲッティに入《い》れたりするとおいしいから、だいじにしなよ―ムラサキイガイは言《い》っているかも。

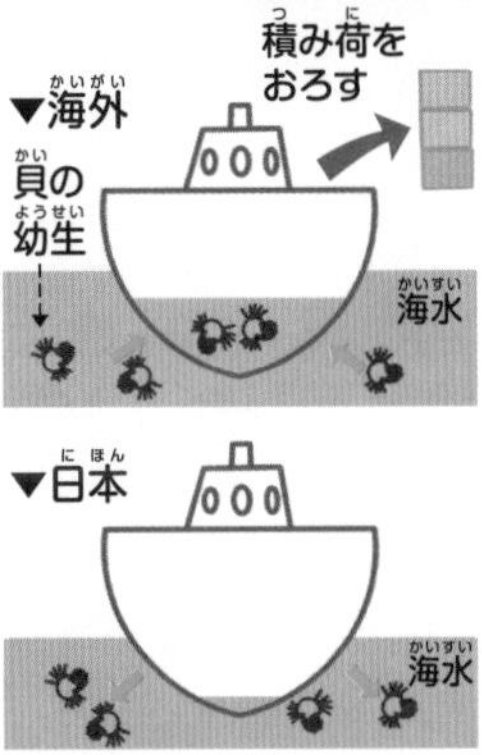

ムールガイともよばれるよ。貨物船《かもつせん》の船体《せんたい》についたり、幼生《ようせい》が「バラスト水《すい》」にまぎれこんだりして、やってきたようだ。

貨物船《かもつせん》は日本《にほん》で荷物《にもつ》を積《つ》んで、海外《かいがい》にいっておろす。すると、船体《せんたい》がかるくなって安定《あんてい》がわるくなるので、海水《かいすい》をとりこんで船体《せんたい》を安定《あんてい》させる。この海水《かいすい》が、バラスト水《すい》だ。

荷物《にもつ》をおろした貨物船《かもつせん》は、日本《にほん》にもどり、バラスト水《すい》を海《うみ》にすてる。その水《みず》にムラサキイガイの幼生《ようせい》がまぎれていて、それが育《そだ》ってふえたのだろう。

東京湾《とうきょうわん》でふえている、北《きた》アメリカ原産《げんさん》のホンビノスガイも、ムラサキイガイとおなじようにつれてこられたようだ。

在来種《ざいらいしゅ》のマガキやフジツボ、ハマグリを圧迫《あっぱく》することが心配《しんぱい》だが、どちらも、おいしい！と、漁《りょう》や養殖《ようしょく》がされるようになり、事態《じたい》はちょっとふくざつ！

ムラサキイガイ

分類《ぶんるい》：軟体動物貝類《なんたいどうぶつかいるい》イガイ科《か》
大《おお》きさ：からの長《なが》さ10cm
原産地《げんさんち》：地中海《ちちゅうかい》
日本《にほん》の分布《ぶんぷ》：全国《ぜんこく》の海岸《かいがん》や港《みなと》
特定外来生物《とくていがいらいせいぶつ》：—
世界《せかい》の侵略的外来種《しんりゃくてきがいらいしゅ》ワースト100：指定《してい》

ふえたわけ

繁殖力《はんしょくりょく》がはんぱじゃない！

日本《にほん》の気候《きこう》が大《だい》すき。繁殖力《はんしょくりょく》がすごく、岩《いわ》や港《みなと》の岸壁《がんぺき》につくマガキやフジツボの上《うえ》をおおうようにくっついて、追《お》い出《だ》してすみかとするんだ。

マガキをおおいつくす

アメリカザリガニの言《い》い分《ぶん》

ウシガエルのえさとしてつれてこられた・・・

日本《にほん》でザリガニと言《い》えば、アメリカザリガニだ。それほど身近《みぢか》な生《い》き物《もの》となっているが、つれてこられた理由《りゆう》がかわいそう!

日本《にほん》がまだ食料《しょくりょう》にとぼしかったころ、食用《しょくよう》としてつれてこられたウシガエルのえさとして、1927年《ねん》に持《も》ちこまれた。競合《きょうごう》する在来種《ざいらいしゅ》がいないこともあり、日本中《にほんじゅう》に広《ひろ》がっていったんだ。

大《おお》きなハサミでイネや水草《みずくさ》を切《き》って被害《ひがい》をあたえ、さらに在来《ざいらい》の小魚《こざかな》や水生昆虫《すいせいこんちゅう》の幼《よう》虫《ちゅう》にとっては、おそろしい敵《てき》となっているが、環境《かんきょう》にすっかりとけこんでいる。

ザリガニつりや飼育《しいく》など、子《こ》どもが大《だい》すきな生《い》き物《もの》になっていて、水《みず》のきれいなところにすむ在来《ざいらい》のニホンザリガニとは競合《きょうごう》することがないので、駆除《く じょ》はかわいそう?

—子《こ》どもたちが大《だい》すきなおれたちを駆除《くじょ》しちゃうの?—

アメリカザリガニは言《い》っているかも。

アメリカザリガニ

分類《ぶんるい》:甲殻類《こうかくるい》エビ目《もく》アメリカザリガニ科《か》
大《おお》きさ:体長《たいちょう》12cm
原産地《げんさんち》:北《きた》アメリカ
日本《にほん》の分布《ぶんぷ》:全国《ぜんこく》の川《かわ》、池《いけ》、沼《ぬま》、水路《すいろ》、水田《すいでん》など
特定外来生物《とくていがいらいせいぶつ》:—
世界《せかい》の侵略的外来種《しんりゃくてきがいらいしゅ》ワースト100:—

ふえたわけ

競合《きょうごう》するライバルがいない
性質《せいしつ》はおくびょうで用心《ようじん》ぶかい。雑食性《ざっしょくせい》で食《た》べ物《もの》をえらばない。水《みず》がすこしくらいきたなくても平気《へいき》で、なによりライバルがいない。

子《こ》を守《まも》る

マリモすき！
マリモ
ロブスター
なんてそもそも
すきじゃ
ないんでしょ！

食用《しょくよう》のためにつれてこられた・・・

ハサミのなんと、でっかいこと！ハサミや体《からだ》の大《おお》きさに目《め》をつけられて、1926年《ねん》、農林省《のうりんしょう》（今《いま》の農林水産省《のうりんすいさんしょう》）水《すい》産局《さんきょく》が、食用《しょくよう》として持《も》ちこんだ。北海道《ほっかいどう》の摩周湖《ましゅうこ》での養殖《ようしょく》は成功《せいこう》し、その後《ご》も何回《なんかい》か輸《ゆ》入《にゅう》され、各地《かくち》に配《くば》られて養殖《ようしょく》された。滋賀県《しがけん》の淡海湖《たんかいこ》のタンカイザリガニはおなじ種《しゅ》だ。

アメリカザリガニとちがって冷《つめ》たい水《みず》でも平気《へいき》なので、在来種《ざいらいしゅ》のニホンザリガニの生息域《せいそくいき》にも進出《しんしゅつ》。大《おお》きい体《からだ》で、ニホンザリガニを圧倒《あっとう》している。小魚《こざかな》やカニを食《た》べ、水草《みずくさ》を切《き》って水生生物《すいせいせいぶつ》のかくれがをこわすなど、生態系《せいたいけい》にわるい影響《えいきょう》をあたえているらしい。

阿寒湖《あかんこ》では、マリモにあなを開《あ》けて巣《す》にしたり、食《た》べたりしているようだ。捕獲《ほかく》して「レイクロブスター」として、ソテーやスープなどにしているが、なかなかへらない。

—**食《た》べるためにつれてきておいて、それほど食《た》べたいものじゃないって？**—ウチダザリガニは言《い》っているかも。

ウチダザリガニ

分類《ぶんるい》：甲殻類《こうかくるい》エビ目《もく》ザリガニ科《か》
大《おお》きさ：体長《たいちょう》15cm
原産地《げんさんち》：北《きた》アメリカ
日本《にほん》の分布《ぶんぷ》：北海道《ほっかいどう》、福島県《ふくしまけん》、長野県《ながのけん》、滋賀県《しがけん》などの湖《みずうみ》、池《いけ》、川《かわ》
特定外来生物《とくていがいらいせいぶつ》：指定《してい》
世界《せかい》の侵略的外来種《しんりゃくてきがいらいしゅ》ワースト100：—

ふえたわけ

体《からだ》が大《おお》きいので敵《てき》なし

大《おお》きなハサミで魚《さかな》、カニ、貝《かい》などをとらえ、水草《みずくさ》を切《き》って食《た》べる。低温《ていおん》〜高《こう》温《おん》の環境《かんきょう》までたえることができ、いちどに200個以上《こいじょう》ものたまごを産《う》む。

ブラックバスの言《い》い分《ぶん》

つりをするためにつれてこられた・・・

オオクチバス、コクチバスを合《あ》わせて、ブラックバスという。両方《りょうほう》とも、つりのターゲットや食用《しょくよう》として、1925年《ねん》にはじめて、神奈《かな》川県《がわけん》の芦ノ湖《あしのこ》に放《はな》された。

その後《ご》、バスフィッシングの人気《にんき》とともに各地《かくち》の川《かわ》や池《いけ》などに放流《ほうりゅう》されて、あっという間《ま》に全国《ぜんこく》に広《ひろ》がっていった。

在来種《ざいらいしゅ》のオイカワ、ヨシノボリなどの成魚《せいぎょ》やたまご、エビ、ヤゴ、果《は》ては水《みず》に落《お》ちた鳥《とり》のひななど、どん欲《よく》に食《た》べる。絶滅危惧種《ぜつめつきぐしゅ》のシナイモツゴ、メダカ、ゼニタナゴが見《み》られなくなったところもあり、かなりやっかいな魚《さかな》になった。

これだけ問題《もんだい》になっているのに、いまだにつったあとに水《みず》にもどしてしまったり、ほかの川《かわ》や池《いけ》に放《はな》してしまったりする、つり人《びと》もいるようだ。

網《あみ》での捕獲《ほかく》や、つり大会《たいかい》などで駆除《くじょ》をしているけど、なかなかむずかしいんだ。

—**こんなとおくの国《くに》につれてきて、勝手《かって》に広《ひろ》めておいて、ひどいよ**—ブラックバスは言《い》っているかも。

ブラックバス

分類《ぶんるい》：魚類《ぎょるい》スズキ目《もく》サンフィッシュ科《か》
大《おお》きさ：全長《ぜんちょう》30～50cm
原産地《げんさんち》：北《きた》アメリカ
日本《にほん》の分布《ぶんぷ》：オオクチバスはほぼ全国《ぜんこく》、コクチバスは福島県《ふくしまけん》、栃木県《とちぎけん》、長野県《ながのけん》、奈良県《ならけん》の川《かわ》、池《いけ》など
特定外来生物《とくていがいらいせいぶつ》：指定《してい》
世界《せかい》の侵略的外来種《しんりゃくてきがいらいしゅ》ワースト100：オオクチバスは指定《してい》

ふえたわけ

オス親《おや》がたまごと稚魚《ちぎょ》をだいじに育《そだ》てる

原産地《げんさんち》の調査《ちょうさ》によると、1回《かい》の産卵《さんらん》で、オオクチバスは2000～14万《まん》5000個《こ》、コクチバスは5000～1万《まん》4000個《こ》ものたまごを産《う》むという。しかもオス親《おや》が、たまごと稚魚《ちぎょ》を守《まも》る！

ブルーギルの言《い》い分《ぶん》

見《み》知《し》らぬところで必死《ひっし》で生《い》きのびたんだよ！

ふえたわけ

オス親《おや》がたまごと稚魚《ちぎょ》をだいじに育《そだ》てる

きたない水《みず》でも平気《へいき》でくらす。そして1回《かい》の産卵《さんらん》で、2万《まん》1000〜3万《まん》6000個《こ》ものたまごを産《う》むんだ。しかも、オス親《おや》がたまごと稚魚《ちぎょ》を守《まも》る。

ブルーギル

分類《ぶんるい》：魚類《ぎょるい》スズキ目《もく》サンフィッシュ科《か》
大《おお》きさ：全長《ぜんちょう》25cm
原産地《げんさんち》：北《きた》アメリカ
日本《にほん》の分布《ぶんぷ》：全国《ぜんこく》の池《いけ》、沼《ぬま》、堀《ほり》など
特定外来生物《とくていがいらいせいぶつ》：指定《してい》
世界《せかい》の侵略的外来種《しんりゃくてきがいらいしゅ》ワースト100：—

食用《しょくよう》にできるか研究《けんきゅう》のためにつれてこられた・・・

1960年《ねん》につれてこられ、食用《しょくよう》として養殖《ようしょく》できるかどうか、静岡県《しずおかけん》の湖《みずうみ》に放流《ほうりゅう》された。でも、成長《せいちょう》がおそくて、養殖《ようしょく》にはむかないことがわかったという。

その後《ご》、つりのターゲットや、オオクチバスのえさとして注目《ちゅうもく》され、各地《かくち》にさかんに放流《ほうりゅう》された。

水生昆虫《すいせいこんちゅう》、貝《かい》、エビ、小《こ》魚《ざかな》、魚《さかな》のたまご、水草《みずくさ》と、なんでもこい!の雑食性《ざっしょくせい》で生《い》きのびて、各地《かくち》ではばをきかせるまでになった。ある地域《ちいき》では、もともと絶滅《ぜつめつ》が心配《しんぱい》されている在来種《ざいらいしゅ》のモツゴが食《た》べられ、さらにすくなくなってしまった。

網《あみ》やつり、かいぼりなどで捕獲《ほかく》をしているが、なかなかしぶといのだ。もともと食《しょく》用《よう》として養殖《ようしょく》されていたので、ムニエルやフライにするとおいしい。

—**日本全国《にほんぜんこく》に広《ひろ》げたのは、つりをする人《ひと》たちだぜ**—ブルーギルは言《い》っているかも。

ニッポンバラタナゴとそっくりだからいてもいいでしょ！

タイリクバラタナゴの言《い》い分《ぶん》

食用《しょくよう》の大型魚《おおがたぎょ》にまぎれてつれてこられた…

この魚《さかな》は小《ちい》さいので、なにかにまぎれこんで広《ひろ》がっちゃうんだ！１９４０年代《ねんだい》に、ハクレン、ソウギョなどを食用《しょくよう》魚《ぎょ》として中国《ちゅうごく》から持《も》ってくるとき、稚魚《ちぎょ》にまぎれて茨城県《いばらきけん》の霞ケ浦《かすみがうら》につれてこられた。

タナゴ類《るい》は二枚貝類《にまいがいるい》のえらに産卵《さんらん》するので、琵琶湖《びわこ》には、二枚貝《にまいがい》とともにたまごがはこばれた。その後《ご》も、アユやコイが各地《かくち》にはこばれるときに、まぎれて広《ひろ》がった。

在来種《ざいらいしゅ》のニッポンバラタナゴにすがたがよくにているだけではなく、かんたんに雑種《ざっしゅ》をつくってしまう。産卵《さんらん》する貝《かい》をめぐって、ほかのタナゴ類《るい》と競合《きょうごう》したり、ほかの小型《こがた》魚《ぎょ》と生息地《せいそくち》で競合《きょうごう》したりする。

とてもきれいな魚《さかな》なので、いまだにペットショップで売《う》られているし、ニッポンバラタナゴとよくにていて見《み》わけがむずかしく、野生《やせい》のものをとりのぞくのはむりなんだ。

—すきこのんで日本《にほん》にやってきたわけじゃないし、全国《ぜんこく》に広《ひろ》げたのは人間《にんげん》でしょ？—

タイリクバラタナゴは言《い》っているかも。

タイリクバラタナゴ

分類《ぶんるい》：魚類《ぎょるい》コイ目《もく》コイ科《か》
大《おお》きさ：全長《ぜんちょう》6〜8cm
原産地《げんさんち》：中国《ちゅうごく》、台湾《たいわん》、朝鮮半島《ちょうせんはんとう》
日本《にほん》の分布《ぶんぷ》：全国《ぜんこく》の池《いけ》、沼《ぬま》、湖《みずうみ》、川《かわ》
特定外来生物《とくていがいらいせいぶつ》：—
世界《せかい》の侵略的外来種《しんりゃくてきがいらいしゅ》ワースト100：—

ふえたわけ

産卵《さんらん》できる期間《きかん》がとても長《なが》い

水《みず》がすこしくらいきたないところでも生活《せいかつ》し、産卵期間《さんらんきかん》が春《はる》〜秋《あき》までと、とても長《なが》い。また、産卵《さんらん》できる二枚貝《にまいがい》の種類《しゅるい》が多《おお》いのも、繁殖《はんしょく》に有利《ゆうり》なのだ。

カダヤシの言《い》い分《ぶん》

ボウフラ退治《たいじ》のためにつれてこられた・・・

用水路《ようすいろ》や田《た》んぼでゆったりと泳《およ》ぐメダカ…んっ? ちがう! メダカの尾《お》びれの後《うし》ろはまっすぐなのに、うちわのようにまるいかたちをしている。カダヤシという魚《さかな》だ。

カダヤシは「蚊絶《かだ》やし」。カの幼虫《ようちゅう》のボウフラを食《た》べて退治《たいじ》してくれる、ありがた〜いお魚《さかな》として、1910年《ねん》ごろに日本《にほん》につれてこられ、広《ひろ》まっていった。各地《かくち》でメダカがいなくなっているのは、カダヤシが原因《げんいん》のひとつではないかとされている。メダカにとってかわっているところでも、カダヤシがメダカににているので、気《き》づかれていないこともあるようだ。

でもじっさいは、メダカとうまくすみ分《わ》けているところもある。メダカがいなくなったのは、水《みず》がよごれてすめなくなったためじゃあないかと言《い》われているよ。

—いまだってボウフラ退治《たいじ》をしているよ。なによりメダカにそっくりだから、いたっていいでしょ!—カダヤシは言《い》っているかも。

カダヤシ

分類《ぶんるい》:魚類《ぎょるい》カダヤシ目《もく》カダヤシ科《か》
大《おお》きさ:全長《ぜんちょう》オス3cm、メス5cm
原産地《げんさんち》:北《きた》アメリカ
日本《にほん》の分布《ぶんぷ》:福島県《ふくしまけん》以南《いなん》の小川《おがわ》、用水路《ようすいろ》、池《いけ》など
特定外来生物《とくていがいらいせいぶつ》:指定《してい》
世界《せかい》の侵略的外来種《しんりゃくてきがいらいしゅ》ワースト100:指定《してい》

ふえたわけ

ふ化《か》するまで子《こ》どもをおなかの中《なか》でだいじに育《そだ》てる

メダカはたまごを産《う》むのにたいして、カダヤシはたまごをおなかの中《なか》で稚魚《ちぎょ》まで育《そだ》てて産《う》むので、繁殖《はんしょく》力《りょく》が強《つよ》く、さらに水《みず》のよごれに対《たい》してもメダカより強《つよ》いんだ。

グッピーの言《い》い分《ぶん》

熱帯魚《ねったいぎょ》で日本《にほん》のつめたい川《かわ》はほんとうはいやだよ！

観賞《かんしょう》のために持《も》ちこまれた…

きれい！

熱帯魚《ねったいぎょ》が群《む》れてきれい！　グッピーだね！って、ここは長野県《ながのけん》の川《かわ》だよ？

もともとは南《みなみ》アメリカの熱《ねっ》帯地方《たいちほう》が原産《げんさん》だが、シンガポールや日本国内《にほんこくない》で養殖《ようしょく》され、いろいろな品種《ひんしゅ》がつくられている。観賞魚《かんしょうぎょ》として、根強《ねづよ》い人《にん》気《き》があるんだ。

ところが1960年《ねん》ごろ以《い》降《こう》、野外《やがい》で繁殖《はんしょく》しているのが見《み》つかった。かんたんにふえるので、もてあまして野外《やがい》に放《はな》されたのだ。熱帯魚《ねったいぎょ》なので、ふつうは日本《にほん》の川《かわ》では生《い》きられないけど、温泉地《おんせんち》でお湯《ゆ》が流《なが》れこんだり、あたたかい工《こう》場排水《じょうはいすい》が流《なが》れこんだりしている川《かわ》で生《い》きのびたらしい。

沖縄県《おきなわけん》の川《かわ》では、メダカやカダヤシを追《お》いやっているという。でも、カダヤシとおなじく、カの幼虫《ようちゅう》のボウフラを食《た》べてくれているみたいだ。

―せっかく子《こ》どもをつくって、水《すい》そうをはなやかにしたのに！―グッピーは言《い》っているかも。

グッピー

分類《ぶんるい》：魚類《ぎょるい》カダヤシ目《もく》カダヤシ科《か》
大《おお》きさ：全長《ぜんちょう》オス3.5cm、メス5cm
原産地《げんさんち》：南《みなみ》アメリカ北部《ほくぶ》
日本《にほん》の分布《ぶんぷ》：北海道《ほっかいどう》〜沖縄県《おきなわけん》の温泉地《おんせんち》や川《かわ》
特定外来生物《とくていがいらいせいぶつ》：―
世界《せかい》の侵略的外来種《しんりゃくてきがいらいしゅ》ワースト100：―

稚魚《ちぎょ》で
生《う》まれる

ふえたわけ

水温《すいおん》があたたかければいつでも繁殖《はんしょく》できる

よごれた水《みず》、塩分《えんぶん》がまじる水《みず》でも平気《へいき》でくらせる。水温《すいおん》が25℃以上《いじょう》なら、いつでも繁《はん》殖《しょく》でき、たまごをおなかの中《なか》で稚魚《ちぎょ》まで育《そだ》てて産《う》むので、繁殖力《はんしょくりょく》が強《つよ》い！

タイじゃないのに、イズミダイなんてなまえつけちゃって！

カワスズメ
（モザンビークティラピア）
アフリカ原産《げんさん》　全長《ぜんちょう》36cm
世界《せかい》の侵略的外来種《しんりゃくてきがいらいしゅ》
ワースト100指定《してい》

ナイルティラピアの言《い》い分《ぶん》

食用《しょくよう》のためにつれてこられた・・・

淡水魚《たんすいぎょ》なのに高級魚《こうきゅうぎょ》のタイとすがたも味《あじ》もそっくり！　泉《いずみ》のタイ、ということでイズミダイというなまえがつけられ、養殖《ようしょく》のためにつれてこられた。

亜熱帯《あねったい》や熱帯《ねったい》地域《ちいき》では食用《しょくよう》として重宝《ちょうほう》されているが、日《に》本《ほん》では人気《にんき》が出《で》ず、放流《ほうりゅう》された。原産地《げんさんち》はアフリカなので、九州《きゅうしゅう》や沖縄《おきなわ》地方《ちほう》で定着《ていちゃく》しているが、さむい地域《ちいき》でも温泉《おんせん》のお湯《ゆ》が流《なが》れこむ川《かわ》で繁殖《はんしょく》。なんと北海道《ほっかいどう》でも繁殖《はんしょく》していた。

メス親《おや》が、たまごを口《くち》の中《なか》で育《そだ》てる。稚魚《ちぎょ》は泳《およ》いでいるとき、きけんがせまると、一目散《いちもくさん》にメス親《おや》の口《くち》のなかににげこむんだ。

カワスズメ（モザンビークティラピア）も、おなじように食用《しょくよう》としてつれてこられ、おなじような地域《ちいき》で繁殖《はんしょく》している。

―食用《しょくよう》なんて、ひどい目的《もくてき》でつれてきておいて、もういらないって、ひどいよ―

ナイルティラピアは言《い》っているかも。

ふえたわけ

たいていの水温《すいおん》に適応《てきおう》できて、オスが巣《す》を守《まも》る

塩水《えんすい》にも適応《てきおう》、水温《すいおん》10～40℃であれば生活《せいかつ》できて、めちゃくちゃタフだ！　おまけにメスは、口《くち》の中《なか》でたまごや稚魚《ちぎょ》を保護《ほご》するんだ。繁殖期《はんしょくき》になると、オスは巣《す》をかまえ、外敵《がいてき》を追《お》いちらす。

ナイルティラピア

分類《ぶんるい》：魚類《ぎょるい》スズキ目《もく》カワスズメ科《か》
大《おお》きさ：全長《ぜんちょう》50cm
原産地《げんさんち》：アフリカ、イスラエル
日本《にほん》の分布《ぶんぷ》：鹿児島県《かごしまけん》、沖縄県《おきなわけん》、小笠原諸島《おがさわらしょとう》のほか、温泉《おんせん》や、あたたかい排水《はいすい》が入《はい》る各地《かくち》の川《かわ》、湖《みずうみ》、沼《ぬま》
特定外来生物《とくていがいらいせいぶつ》：―
世界《せかい》の侵略的外来種《しんりゃくてきがいらいしゅ》ワースト100：―

アリゲーターガーの言《い》い分《ぶん》

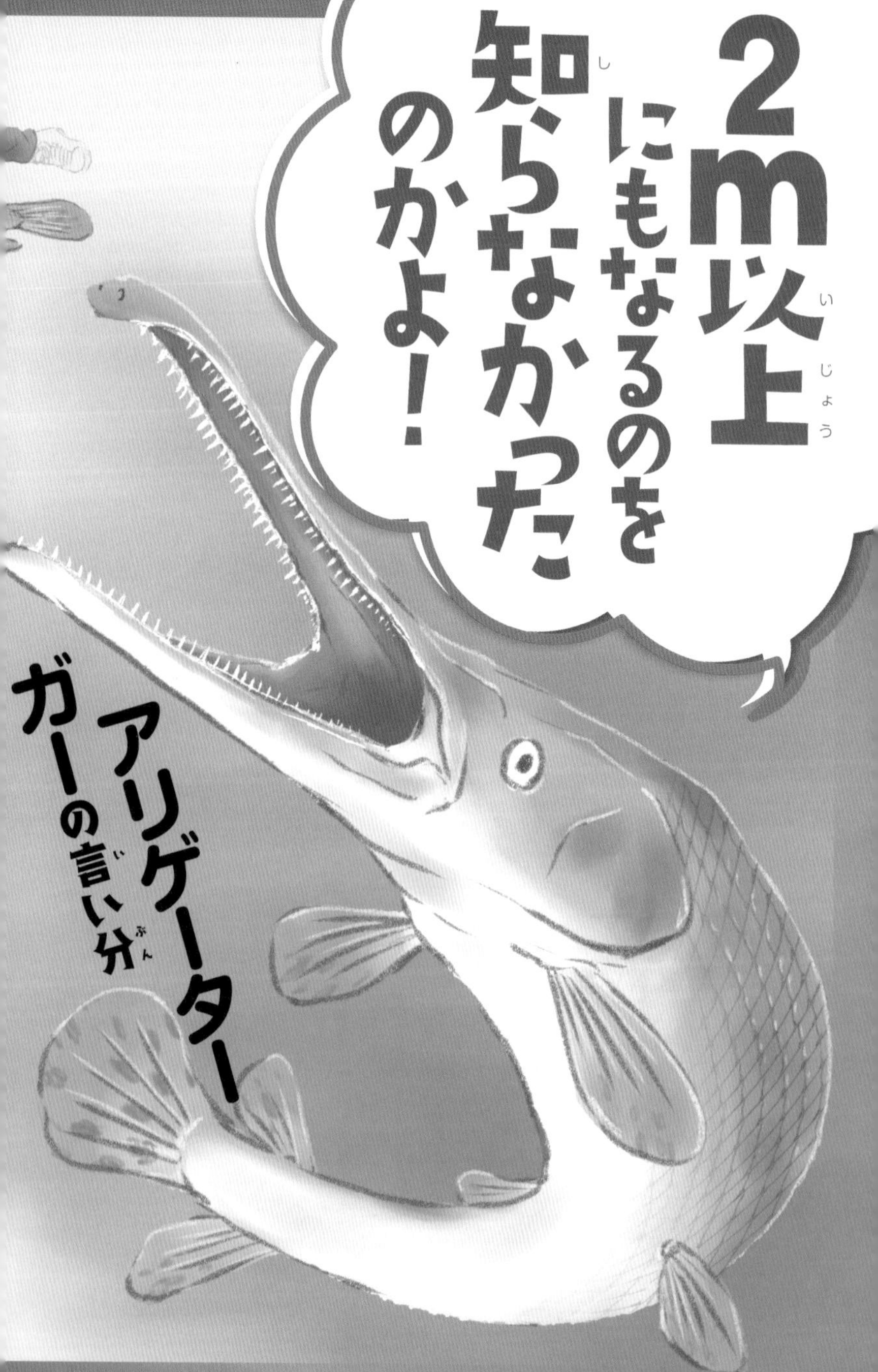
2m以上《いじょう》にもなるのを知《し》らなかったのかよ！

ふえたわけ

大《おお》きくなって放《はな》され、しかもかたいうろこが体《からだ》を守《まも》る

アリゲーターガーは、大《おお》きくなって、もてあましてから自然《しぜん》に放《はな》されるため、生《い》き残《のこ》る可能性《かのうせい》が高《たか》い。しかも、かたいうろこが敵《てき》の攻撃《こうげき》から体《からだ》を守《まも》るのだ。

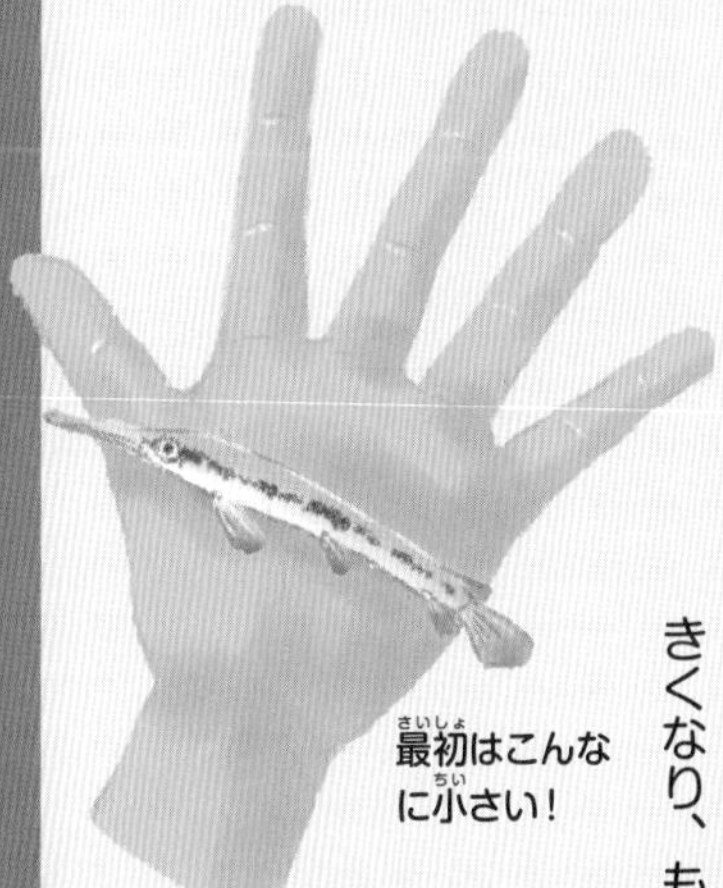

アリゲーターガー

分類《ぶんるい》：魚類《ぎょるい》ガー目《もく》ガー科《か》
大《おお》きさ：全長《ぜんちょう》1.5～2m
原産地《げんさんち》：北《きた》アメリカ
日本《にほん》の分布《ぶんぷ》：関東《かんとう》～九州《きゅうしゅう》の川《かわ》、池《いけ》など
特定外来生物《とくていがいらいせいぶつ》：指定《してい》
世界《せかい》の侵略的外来種《しんりゃくてきがいらいしゅ》ワースト100：―

観賞《かんしょう》のために持《も》ちこまれた・・・

原産地《げんさんち》は北《きた》アメリカだが、東南《とうなん》アジアで繁殖《はんしょく》させた稚魚《ちぎょ》が日本《にほん》に輸入《ゆにゅう》されて、ペットショップで安《やす》く売《う》られた。20年《ねん》以上《いじょう》、ときには50年《ねん》も生《い》きて、野生《やせい》では全長《ぜんちょう》2m以《い》上《じょう》、3mを超《こ》えることもある。安易《あんい》に飼《か》い始《はじ》めたものの、大《おお》きくなり、もてあまして、野《や》外《がい》に放《はな》してしまう人《ひと》がたくさんいた。

うきぶくろで空気呼吸《くうきこきゅう》ができて、酸素《さんそ》がすくない水《みず》や、よごれた水《みず》の中《なか》でも生《い》きられる。

そのうえ、1回《かい》の産卵《さんらん》で、たまごは14万個《まんこ》というからすごい！　でも、日本《にほん》では成長《せいちょう》に時間《じかん》がかかり、成熟《せいじゅく》できないまま、さむさにやられたり、泳《およ》ぎもじょうずではないので洪水《こうずい》などに流《なが》されたりと、繁《はん》殖《しょく》まではしていないんだ。

―**根《ね》こそぎほかの魚《さかな》を食《た》べているんじゃないし、人《ひと》もおそわないよ。大目《おおめ》に見《み》てくれないかな**―アリゲーターガーは言《い》っているかも。

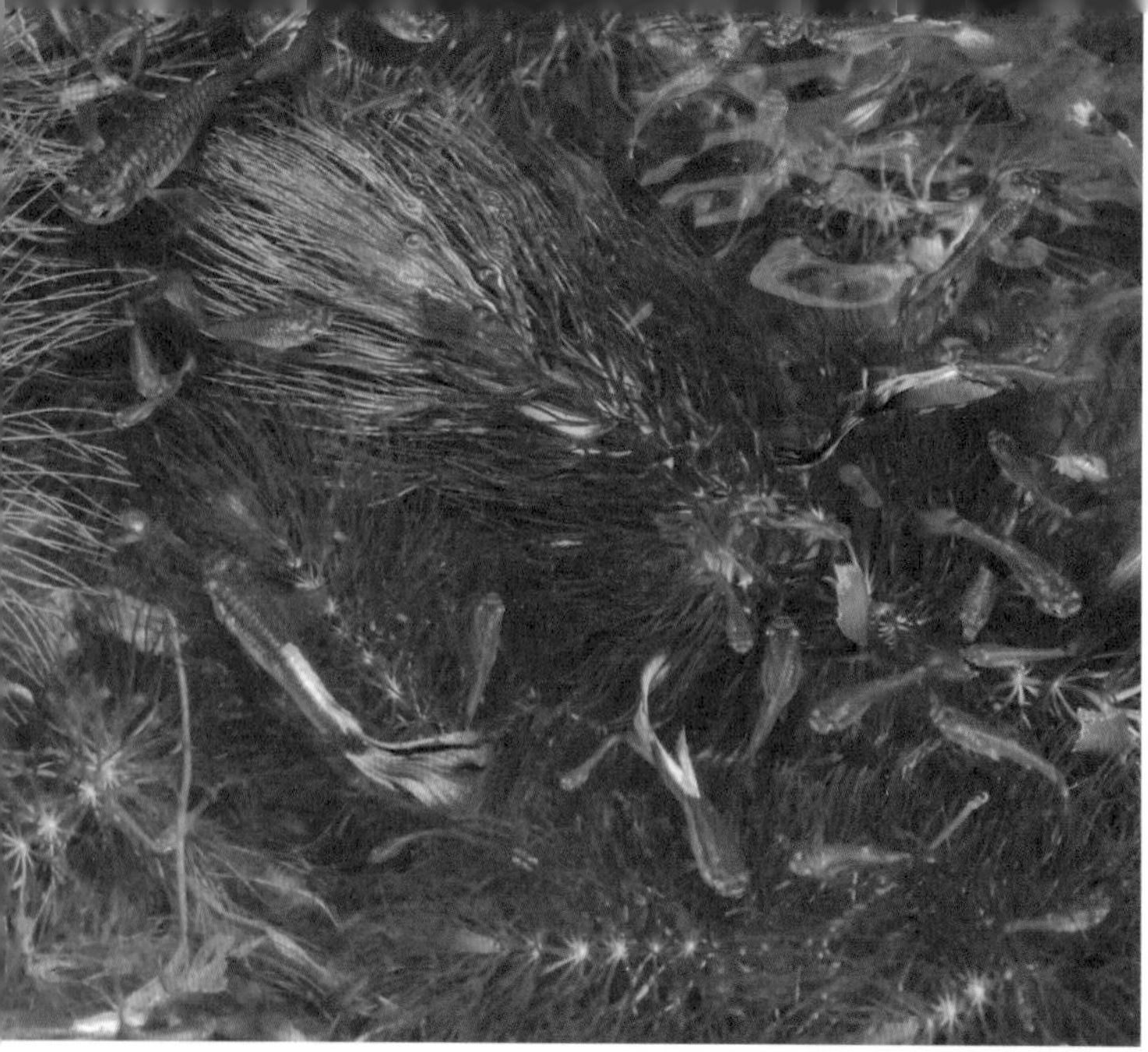

見《み》たことあるかな？外来生物《がいらいせいぶつ》

スクミリンゴガイ

大型《おおがた》の巻《ま》き貝《がい》。からには褐色《かっしょく》の帯《おび》が10〜15本《ほん》ある。長《なが》い触角《しょっかく》2本《ほん》と短《みじか》い触角《しょっかく》2本《ほん》をもつ。ピンク色《いろ》の卵《らん》かいをイネの茎《くき》や用水路《ようすいろ》のかべなどに産《う》みつける。

ワカケホンセイインコ

全身《ぜんしん》が黄緑色《きみどりいろ》の中型《ちゅうがた》のインコ。くちばしは赤《あか》い。目《め》には、オス・メスともオレンジ色《いろ》の縁《ふち》どりがある。オスはのどからのびる黒《くろ》い首輪《くびわ》もようがめだつ。

ブラックバス（オオクチバス）

体側《たいそく》の黒《くろ》っぽいもようは個体《こたい》でちがいがある。背《せ》びれは前後《ぜんご》2つに分《わ》かれ、後《うし》ろが大《おお》きい。大《おお》きな口《くち》の中《なか》には、のこぎり状《じょう》の細《こま》かくするどい歯《は》がならぶ。

グッピー

ひれの形《かたち》はさまざまで、とくにオスでは変異《へんい》に富《と》む。野生化《やせいか》したメスは黄褐色《おうかっしょく》だが、オスは色《いろ》のもようを持《も》つものが多《おお》い。メスはオスより大《おお》きい。

アメリカザリガニ

若《わか》いときは褐色《かっしょく》、成熟《せいじゅく》すると赤《あか》くなるが、青《あお》や白《しろ》のものもいる。5対《つい》のあしの第《だい》1脚《きゃく》は、はさみあしで、第《だい》2脚《きゃく》と第《だい》3脚《きゃく》にも小《ちい》さなはさみがある。

農家《のうか》のしごとを手《て》伝《つだ》っているのに、侵略者《しんりゃくしゃ》あつかいか?!

セイヨウオオマルハナバチの言《い》い分《ぶん》

エゾエンゴサクの花《はな》
つつにあなをあけて蜜《みつ》だけをとる!

トマトの受粉役《じゅふんやく》としてつれてこられた…

トマトの花《はな》

お店《みせ》で売《う》られているトマトの多《おお》くは、ハウスなどの施設《しせつ》栽培《さいばい》でつくられる。実《み》をつけさせるためには、花《はな》に受粉《じゅふん》をさせるが、ハウス内《ない》は外《そと》と区《く》切《ぎ》られているので、花粉《かふん》をはこぶ昆虫《こんちゅう》を入《い》れておく。

トマトの施設栽培《しせつさいばい》は、ヨーロッパの技術《ぎじゅつ》をよく採用《さいよう》していて、受粉《じゅふん》のために、ヨーロッパ産《さん》のセイヨウオオマルハナバチが、女王《じょおう》バチごとコロニーで輸入《ゆにゅう》されてきたんだ。

きちんと管理《かんり》をするということで輸入《ゆにゅう》が許可《きょか》されたが、施設《しせつ》のすき間《ま》からや、出入《でい》り口《ぐち》の開閉時《かいへいじ》に脱出《だっしゅつ》して繁殖《はんしょく》。蜜源《みつげん》の花《はな》を独占《どくせん》して、在来種《ざいらいしゅ》のハナバチを圧倒《あっとう》したり、さらに在来種《ざいらいしゅ》と交雑《こうざつ》したりしている。また、長《なが》いつつのおくに蜜《みつ》がある花《はな》の、つつの根《ね》もとにあなをあけ、蜜《みつ》だけをとって、受粉《じゅふん》のじゃまもしている。

――受粉《じゅふん》の手間《てま》がはぶけて、おいしいトマトができるってよろこんでいたのに。いまだってハウスの中《なか》で活躍《かつやく》しているのに、侵略者《しんりゃくしゃ》あつかいなの？

―セイヨウオオマルハナバチは言《い》っているかも。

セイヨウオオマルハナバチ

分類《ぶんるい》：昆虫類《こんちゅうるい》ハチ目《もく》ミツバチ科《か》
大《おお》きさ：体長《たいちょう》10〜20mm
原産地《げんさんち》：ヨーロッパ
日本《にほん》の分布《ぶんぷ》：おもに北海道《ほっかいどう》
特定外来生物《とくていがいらいせいぶつ》：指定《してい》
世界《せかい》の侵略的外来種《しんりゃくてきがいらいしゅ》ワースト100：―

ふえたわけ

体《からだ》が大《おお》きくて敵《てき》なし

在来種《ざいらいしゅ》よりはやく繁殖《はんしょく》を始《はじ》め、繁《はん》殖率《しょくりつ》が高《たか》い。しかも体《からだ》が大《おお》きいので、在来種《ざいらいしゅ》のハナバチを圧倒《あっとう》している。

在来種《ざいらいしゅ》のオオマルハナバチ

セイヨウオオマルハナバチ

おとなりからちょいとやってきただけなのに！

ツマアカスズメバチの言《い》い分《ぶん》

セイヨウミツバチをおそう

船《ふね》の貨物《かもつ》にまぎれてきたかも・・・

長崎県《ながさきけん》対馬《つしま》や北九州市《きたきゅうしゅうし》で見《み》つかっている。どうやら、韓国《かんこく》からの船《ふね》できたのではないかと言《い》われている。韓国《かんこく》には、中国《ちゅうごく》から輸入《ゆにゅう》した植木鉢《うえきばち》の土《つち》の中《なか》に越冬中《えっとうちゅう》の女王《じょおう》がいて、侵入《しんにゅう》したようだ。

越冬《えっとう》した女王《じょおう》は、最初《さいしょ》に樹木《じゅもく》の根《ね》もと付近《ふきん》に巣《す》をつくり、はたらきバチがふえてくると、樹木《じゅもく》の上《うえ》のほうに巣《す》をうつす。巣《す》はとにかく大《おお》きく、2000びきものハチがいて、新《あたら》しい女王《じょおう》が数百《すうひゃく》ぴきは誕生《たんじょう》するというからすごい。

ミツバチ、アシナガバチ、チョウやガ、トンボ、クモなどをとらえる。とくにミツバチをおそって養蜂《ようほう》に影響《えいきょう》をあたえているから、やっかいものだ。在来種《ざいらいしゅ》のキイロスズメバチとも競合《きょうごう》することが心配《しんぱい》されている。

—すきでやってきたんじゃないよ。貨物《かもつ》にまぎれて、しょうがなくきたのよ。対馬《つしま》だけでふえて、北九州市《きたきゅうしゅうし》には飛《と》んでいっただけだから、放《ほう》っておいて！—ツマアカスズメバチは言《い》っているかも。

ツマアカスズメバチ

分類《ぶんるい》：昆虫類《こんちゅうるい》ハチ目《もく》スズメバチ科《か》
大《おお》きさ：はたらきバチ体長約《たいちょうやく》20mm
原産地《げんさんち》：中東《ちゅうとう》、インド、東南《とうなん》アジア、中国《ちゅうごく》
日本《にほん》の分布《ぶんぷ》：長崎県対馬《ながさきけんつしま》
特定外来生物《とくていがいらいせいぶつ》：指定《してい》
世界《せかい》の侵略的外来種《しんりゃくてきがいらいしゅ》ワースト100：ー

ふえたわけ

繁殖力《はんしょくりょく》がはんぱじゃない！

中型《ちゅうがた》のスズメバチだが、なにせ繁殖力《はんしょくりょく》がスゴイ！ ひとつの巣《す》に2000びきのハチがいる。ハチをおそって食《た》べるタカなどに対抗《たいこう》するためらしい。

ツマアカスズメバチの巣《す》

すきで地球《ちきゅう》のうらがわまできたんじゃない！

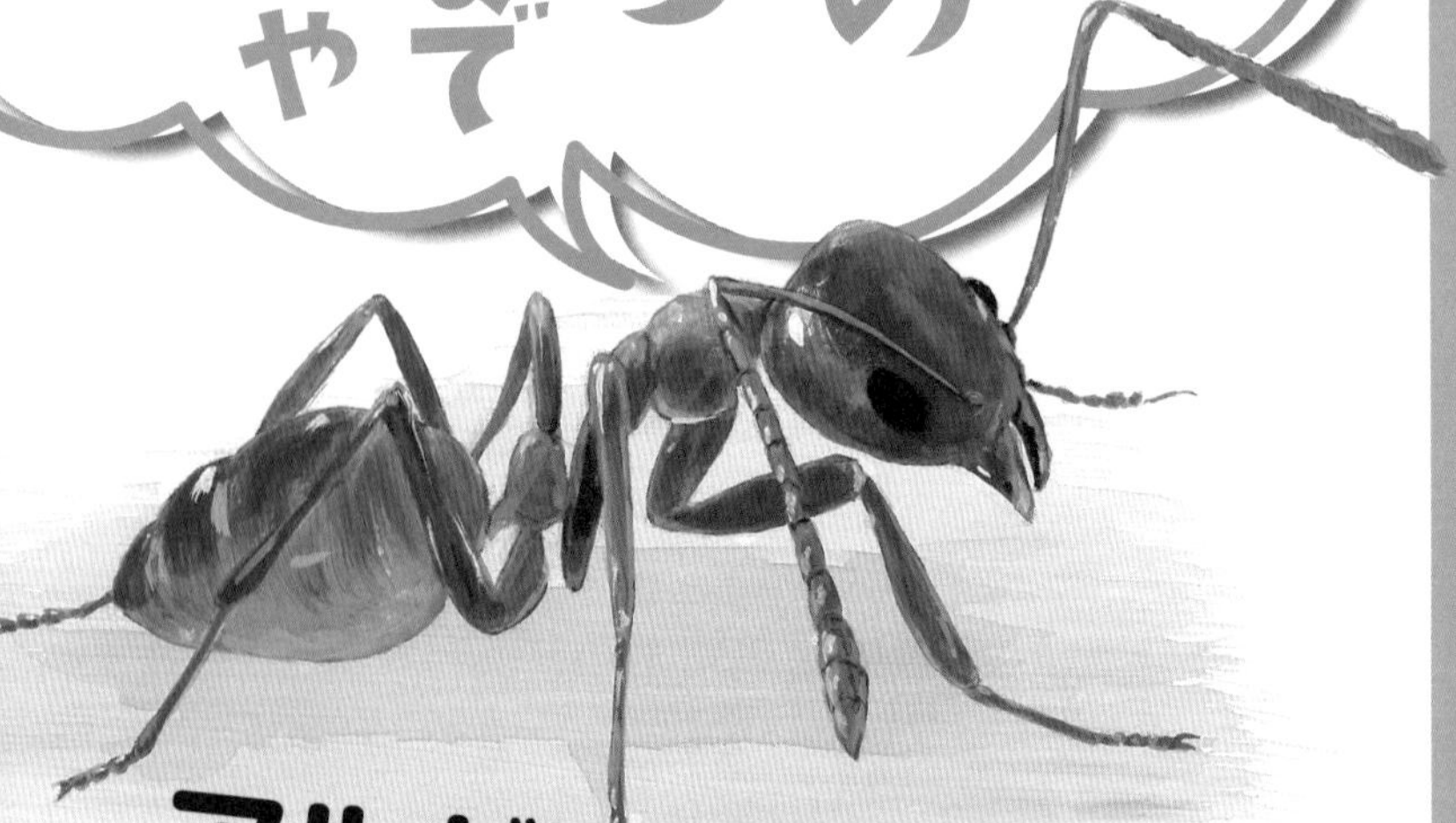

アルゼンチンアリの言《い》い分《ぶん》

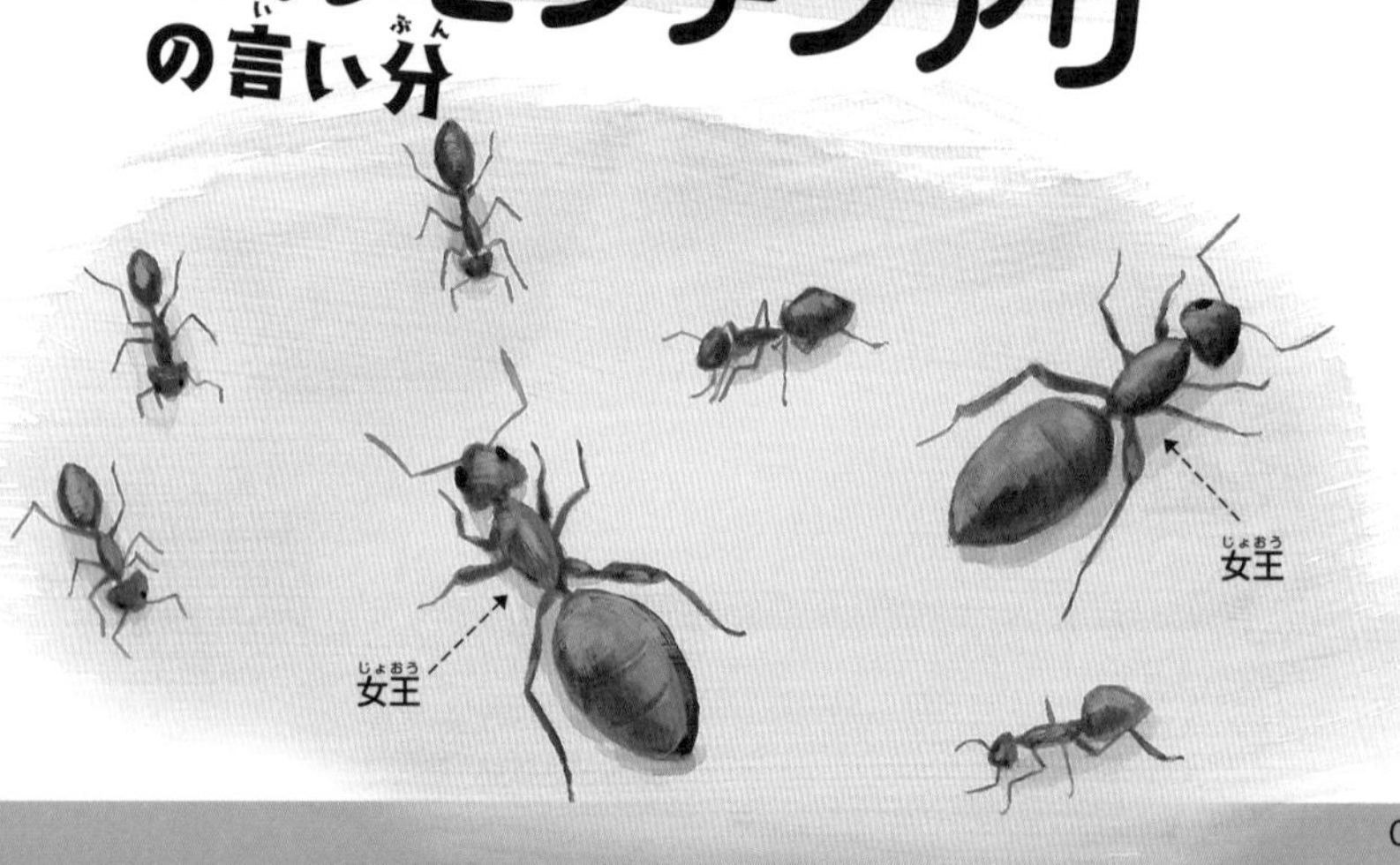

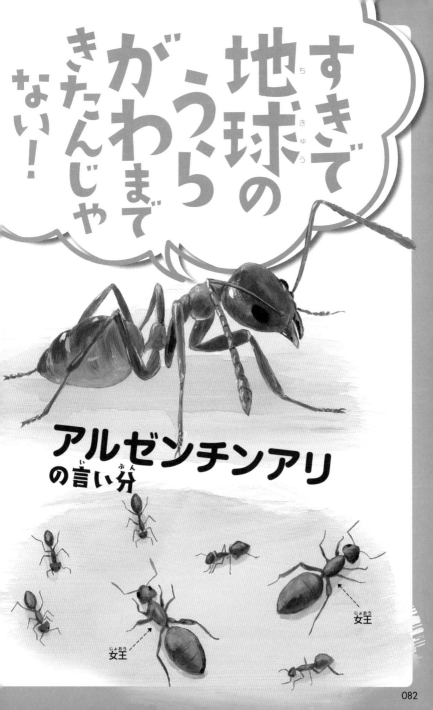

やはり船《ふね》の積《つ》み荷《に》にまぎれてきた…

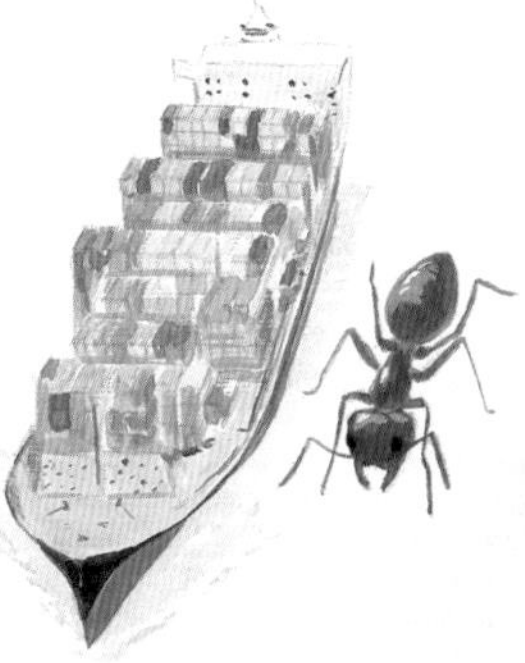

船《ふね》の貨物《かもつ》コンテナや建築用《けんちくよう》の木材《もくざい》にまぎれて、北《きた》アメリカ、オセアニア、日本《にほん》にわたってきた。日本《にほん》では、1993年《ねん》に広島県《ひろしまけん》ではじめて見《み》つかり、その後《ご》、各地《かくち》に分布《ぶんぷ》を広《ひろ》げている。

1000びきをこえるはたらきアリがいる大《おお》きな巣《す》をつくり、女王《じょおう》が数《すう》ひきいる。そこから女王《じょおう》が分《わ》かれて、すぐ近《ちか》くに新《あたら》しい巣《す》をつくってふえるのだ。

毒《どく》は持《も》っていないけれど、農作物《のうさくぶつ》に被害《ひがい》をあたえるアブラムシと共生《きょうせい》する、農作物《のうさくぶつ》の種《たね》を食《た》べる、ミツバチの蜜《みつ》をぬすむ、家《いえ》に入《はい》りこんで食《た》べ物《もの》にたかる、在来種《ざいらいしゅ》のアリを追《お》いやるなど、いろいろな被害《ひがい》がでている。

―すきで日本《にほん》にやってきたんじゃない。生活《せいかつ》していたら、勝手《かって》に人間《にんげん》があちこちにつれていってるの!―アルゼンチンアリは言《い》っているかも。

アルゼンチンアリ

分類《ぶんるい》：昆虫類《こんちゅうるい》ハチ目《もく》アリ科《か》
大《おお》きさ：はたらきアリ体長約《たいちょうやく》2.5mm
原産地《げんさんち》：南《みなみ》アメリカ
日本《にほん》の分布《ぶんぷ》：関東《かんとう》より西《にし》の本州《ほんしゅう》、四国《しこく》の建物《たてもの》のすき間《ま》、植木鉢《うえきばち》の下《した》など
特定外来生物《とくていがいらいせいぶつ》：指定《してい》
世界《せかい》の侵略的外来種《しんりゃくてきがいらいしゅ》ワースト100：指定《してい》

ふえたわけ

ひとつのコロニーに数《すう》ひきの女王《じょおう》

女王《じょおう》アリがひとつの巣《す》に数《すう》ひきいて、それぞれが1日《にち》に60個《こ》のたまごを産《う》む。雑食性《ざっしょくせい》でなんでも食《た》べるので、食《た》べる物《もの》にこまらない。

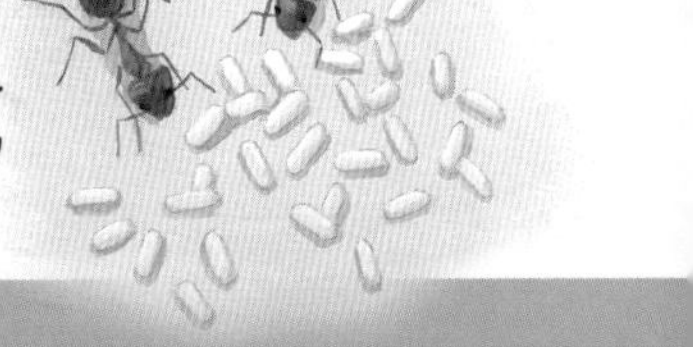

たまごの世話《せわ》をするはたらきアリ

アカヒアリの言《い》い分《ぶん》

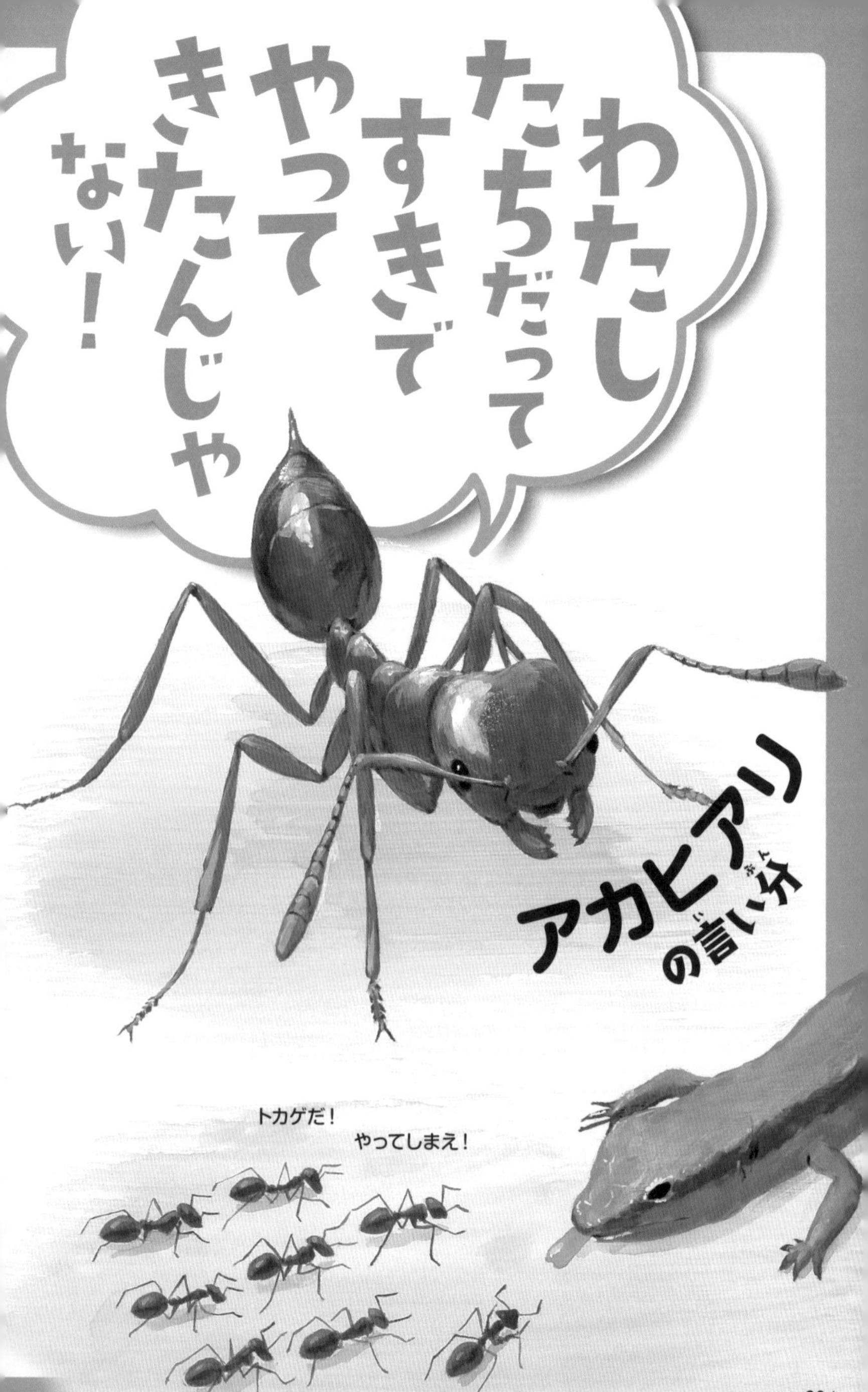

わたしたちだってすきでやってきたんじゃない！
トカゲだ！
やってしまえ！

これまた船《ふね》の貨物《かもつ》にまぎれてきた…

ヒアリともよばれ、毒《どく》ばりにさされると、やけどのようにひりひりといたむので「火《ひ》アリ」。アナフィラキシーショックをおこすこともあり、毎年《まいとし》、世界《せかい》で100人以上《にんいじょう》が死《し》んでいる！

船《ふね》の貨物《かもつ》にまぎれ、南《みなみ》アメリカから北《きた》アメリカ、オセアニア、アジアに広《ひろ》がり、日本《にほん》には中国《ちゅうごく》からの船《ふね》の貨物《かもつ》にまぎれて、つれてこられたらしい。

雑食性《ざっしょくせい》で、花《はな》の蜜《みつ》、植物《しょくぶつ》の種《たね》を集《あつ》めたり、集団《しゅうだん》でほかの昆虫《こんちゅう》、トカゲなどのは虫類《ちゅうるい》をおそったりする。攻撃性《こうげきせい》が強《つよ》く、在来種《ざいらいしゅ》のアリを追《お》いやる心配《しんぱい》がある。そしてもちろん、人《ひと》がさされると、いたみとかゆみ、ときには赤《あか》いぽつぽつができることもある。

原産地《げんさんち》では水辺《みずべ》で巣《す》をつくる。洪水《こうずい》になると、数千《すうせん》びきのはたらきアリが体《からだ》でいかだをつくって水《みず》にうかび、女王《じょおう》と幼虫《ようちゅう》をのせて守《まも》るというからすごい！

―**攻撃《こうげき》するのは、巣《す》を守《まも》るためよ。だれだって家族《かぞく》はだいじでしょ！**―アカヒアリは言《い》っているかも。

アカヒアリ

分類《ぶんるい》：昆虫類《こんちゅうるい》ハチ目《もく》アリ科《か》
大《おお》きさ：はたらきアリ体長《たいちょう》2〜6mm
原産地《げんさんち》：南《みなみ》アメリカ
日本《にほん》の分布《ぶんぷ》：おもに各地《かくち》の港《みなと》
東京港《とうきょうこう》では繁殖《はんしょく》？
特定外来生物《とくていがいらいせいぶつ》：指定《してい》
世界《せかい》の侵略的《しんりゃくてき》外来種《がいらいしゅ》ワースト100：指定《してい》

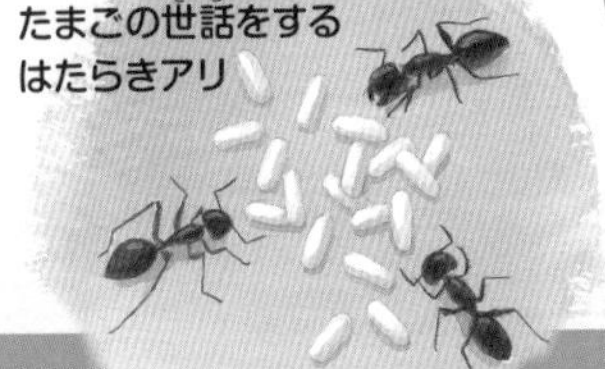

たまごの世話《せわ》をするはたらきアリ

ふえたわけ

産卵数《さんらんすう》は、けたちがいの数《かず》！

女王《じょおう》アリは1日《にち》に2000〜3000個《こ》のたまごを産《う》むことができる。巣《す》をおそわれると、はたらきアリたちがいっせいに反撃《はんげき》して女王《じょおう》を守《まも》るんだ。

日本《にほん》に入《はい》ってくるのを許可《きょか》したのは日本人《にほんじん》でしょう？

外国産《がいこくさん》クワガタムシの言《い》い分《ぶん》

ペットにするためにつれてこられた・・・

外国産《がいこくさん》のクワガタムシは、みんなに大人気《だいにんき》だね。でも、外国産《がいこくさん》のクワガタムシやカブトムシは、もともと法律《ほうりつ》で輸入《ゆにゅう》が禁止《きんし》されていた。ところが、世界貿易機関《せかいぼうえききかん》（WTO《ダブリューティーオー》）という、自由《じゆう》な貿易《ぼうえき》をすすめる国際機関《こくさいきかん》ができて、物《もの》だけではなく、動物《どうぶつ》の輸出《ゆしゅつ》・輸入《ゆにゅう》も活発《かっぱつ》になった。

この流《なが》れを受《う》けて1999年《ねん》、日本《にほん》でも外国産《がいこくさん》のクワガタムシ、カブトムシの輸入《ゆにゅう》が許可《きょか》されて、ペットショップやホームセンターのペット売《う》り場《ば》に、めずらしい種類《しゅるい》がならぶようになった。

だいじょうぶなの？　昆虫《こんちゅう》の専門家《せんもんか》や研究者《けんきゅうしゃ》がはじめから心配《しんぱい》していたとおり、にげ出《だ》したり、飼《か》えなくなって放《はな》されたりした外国産《がいこくさん》のクワガタムシが、野外《やがい》で見《み》つかるだけではなく、日本産《にほんさん》との雑種《ざっしゅ》までできるらしい！　そのうえ、原産地《げんさんち》では、お金《かね》をかせぐために違法《いほう》に採《さい》集《しゅう》され、絶滅《ぜつめつ》が心配《しんぱい》されている種《しゅ》までいるんだ。

―つれてきたのは人間《にんげん》だし、いいかげんな飼《か》い方《かた》をするのも人間《にんげん》じゃん！―クワガタムシたちは言《い》っているかも。

外国産《がいこくさん》クワガタムシ

分類《ぶんるい》：昆虫類《こんちゅうるい》コウチュウ目《もく》
クワガタムシ科《か》

大《おお》きさ：体長《たいちょう》オス60mm以上《いじょう》

原産地《げんさんち》：世界《せかい》の熱帯《ねったい》～温帯《おんたい》

日本《にほん》の分布《ぶんぷ》：―

特定外来生物《とくていがいらいせいぶつ》：―

世界《せかい》の侵略的外来種《しんりゃくてきがいらいしゅ》ワースト100：―

ふえたわけ

たくましい生命力《せいめいりょく》でのりきってきた

日本《にほん》のきびしい冬《ふゆ》に生《い》きのこるのは、むずかしいと言《い》われてきたが、どっこい、たくましい生命力《せいめいりょく》で生《い》きぬくことができるんだ。

冬《ふゆ》は木《き》のうろなどに入《はい》って越冬《えっとう》する

気《き》がついたら日本《にほん》にきてたんだよお

クビアカツヤカミキリの言《い》い分《ぶん》

貨物《かもつ》の木箱《きばこ》にいてつれてこられたかも・・・

サクラやウメの木《き》の根《ね》もとに、木《き》くずがたくさん落《お》ちている。木《き》はげんきがなく、枯《か》れかけている…。クビアカツヤカミキリの幼虫《ようちゅう》のしわざだ。

木《き》くずは、木《き》のかすと幼虫《ようちゅう》のふんがまざったもので、フラスとよばれる。幼虫《ようちゅう》は、幹《みき》を食《く》いあらしながら成長《せいちょう》し、さなぎになり、成虫《せいちゅう》になって木《き》の外《そと》に出《で》る。

外国《がいこく》からの貨物《かもつ》の木箱《きばこ》や木《もく》製《せい》の梱包材《こんぽうざい》にいたものが、そのまま輸入《ゆにゅう》されてきたのかもしれない。

この幼虫《ようちゅう》、こまったことに、サクラ、ウメ、モモなどが大《だい》すきで、枯《か》れる木《き》もある。幼虫《ようちゅう》だけをとりのぞくのは不可能《ふかのう》で、被害《ひがい》にあった木《き》は切《き》りたおすしかないんだ。サクラのお花見《はなみ》ができなくなると心配《しんぱい》する人《ひと》もいるよ。

—おれたちはただ、木《き》の中《なか》で生活《せいかつ》していただけだよ。気《き》がついたら日本《にほん》にきていたんだよ—クビアカツヤカミキリは言《い》っているかも。

クビアカツヤカミキリ

分類《ぶんるい》：昆虫類《こんちゅうるい》コウチュウ目《もく》カミキリムシ科《か》
大《おお》きさ：体長《たいちょう》22～40mm
原産地《げんさんち》：東《ひがし》アジア、ベトナム
日本《にほん》の分布《ぶんぷ》：栃木県《とちぎけん》、群馬県《ぐんまけん》、埼玉県《さいたまけん》、東京都《とうきょうと》、愛知県《あいちけん》、大阪府《おおさかふ》、徳島県《とくしまけん》の公園《こうえん》や街路《がいろ》の木《き》
特定外来生物《とくていがいらいせいぶつ》：指定《してい》
世界《せかい》の侵略的外来種《しんりゃくてきがいらいしゅ》ワースト100：—

ふえたわけ

繁殖力《はんしょくりょく》がはんぱじゃない！
繁殖力《はんしょくりょく》がすごく、メスは１回《かい》に100～300個《こ》のたまごを産《う》む。しかも新天地《しんてんち》の日本《にほん》に天敵《てんてき》はいない。

クビアカツヤカミキリの交尾《こうび》

勝《かっ》手《て》につれてきておいて、外《そと》に放《はな》すのかよ！

アカボシゴマダラの言《い》い分《ぶん》

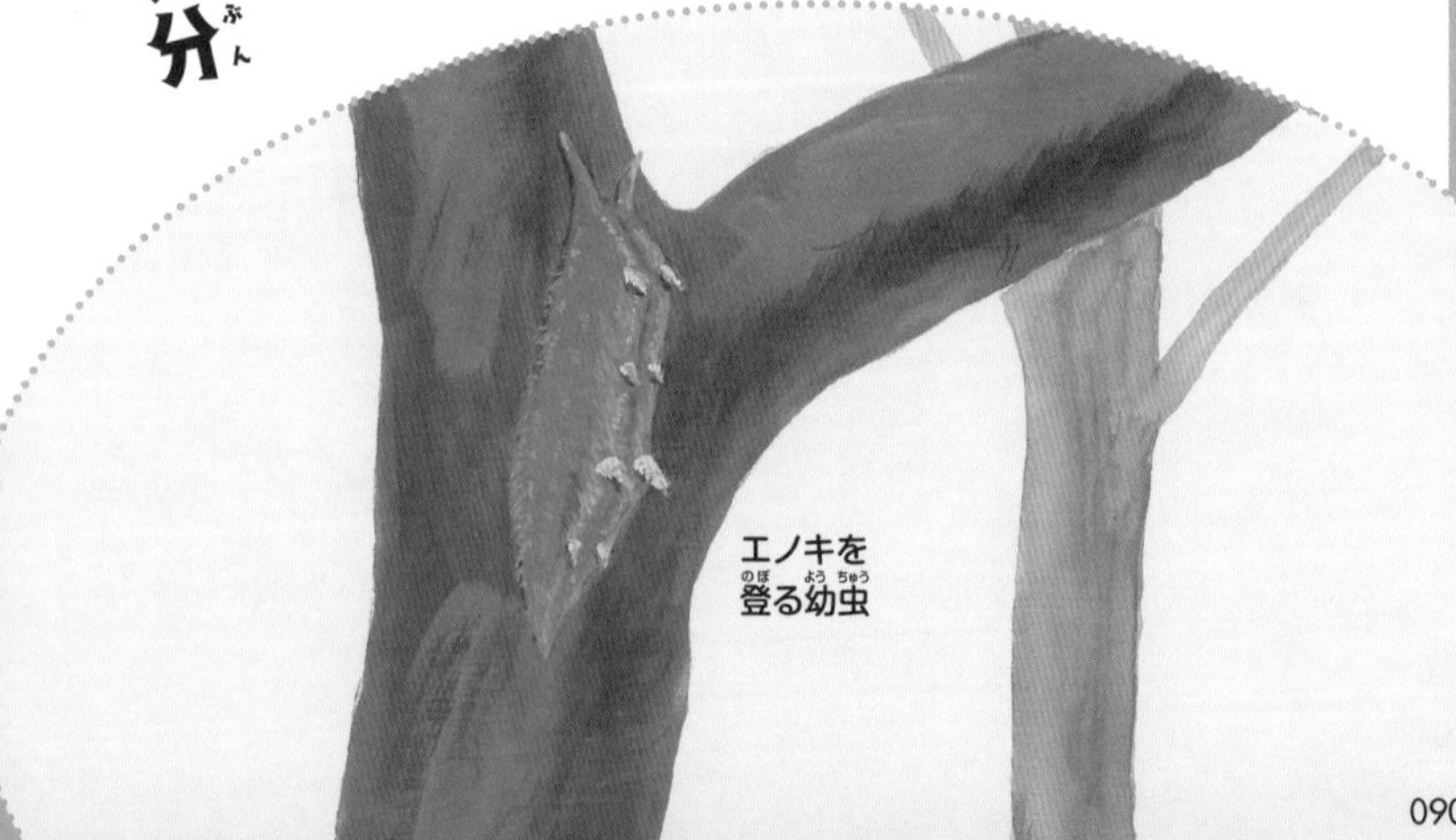

エノキを登《のぼ》る幼虫《ようちゅう》

チョウのマニアがつれてきて放《はな》した・・・

在来種《ざいらいしゅ》のゴマダラチョウに、よ〜くにている。でも、後《うし》ろばねに赤《あか》いもようがある。

1990年代《ねんだい》に、チョウのマニアがつれてきて、野外《やがい》に放《はな》してしまったらしい。日本《にほん》の気候《きこう》、環境《かんきょう》がとてもよく合《あ》い、幼虫《ようちゅう》の食樹《しょくじゅ》のエノキは、公園樹《こうえんじゅ》や街路樹《がいろじゅ》に使《つか》われていて豊富《ほうふ》にあるので、定着《ていちゃく》してしまったようだ。

ゴマダラチョウの幼虫《ようちゅう》がエノキの幹《みき》のまわりの落《お》ち葉《ば》で越冬《えっとう》するのとちがい、アカボシゴマダラの幼虫《ようちゅう》は枝《えだ》の根《ね》もと、幹《みき》、幹《みき》の根《ね》もとで越冬《えっとう》するので、新芽《しんめ》に近《ちか》く、あたたかくなると、いちはやく新葉《しんば》にたどりつくのかも？　落《お》ち葉《ば》にいないから、落《お》ち葉《ば》かきではき集《あつ》められないしね。

幼虫《ようちゅう》が食樹《しょくじゅ》のエノキの葉《は》をあらそって、在来種《ざいらいしゅ》のゴマダラチョウや国蝶《こくちょう》オオムラサキと競合《きょうごう》する。でも奄美《あまみ》では、アカボシゴマダラは在来種《ざいらいしゅ》なので、だいじにしてね！

—日本《にほん》ってすみやすい。勝《かっ》手《て》につれてきて放《はな》したマニアがわるいよね！—アカボシゴマダラは言《い》っているかも。

アカボシゴマダラ

分類《ぶんるい》：昆虫類《こんちゅうるい》チョウ目《もく》タテハチョウ科《か》
大《おお》きさ：前《まえ》ばねの長《なが》さ40〜53mm
原産地《げんさんち》：中国《ちゅうごく》、台湾《たいわん》、朝鮮《ちょうせん》
日本《にほん》の分布《ぶんぷ》：関東地方《かんとうちほう》、静岡県《しずおかけん》、山梨県《やまなしけん》の都市《とし》、里山《さとやま》
特定外来生物《とくていがいらいせいぶつ》：指定《してい》
世界《せかい》の侵略的外来種《しんりゃくてきがいらいしゅ》ワースト100：—

ふえたわけ

都市部《としぶ》の環境《かんきょう》によく適応《てきおう》した

ゴマダラチョウなどとちがって、都市部《としぶ》の環境《かんきょう》にもよく適応《てきおう》した。公園《こうえん》や街路《がいろ》に生《は》えている幼木《ようぼく》の葉《は》も利用《りよう》するという、したたかさがある。

知《し》らないうちにつれてこられちゃったんだよ！
リーリーリー
アオマツムシの言《い》い分《ぶん》
リーリー
リーリーリー

幼木《ようぼく》にのったままつれてこられた・・・

リーリーリーリー…。秋《あき》の夜《よる》に、虫《むし》の音《ね》をしずかに楽《たの》しむなんて、とんでもない。こっちでもあっちでも、木《き》の上《うえ》でやかましいくらいの大合唱《だいがっしょう》！

はっきりしたことはわからないが、輸入検査《ゆにゅうけんさ》がない時代《じだい》、中国《ちゅうごく》から輸入《ゆにゅう》した樹木《じゅもく》の幼木《ようぼく》についたまま、つれてこられたようだ。それが国内各地《こくないかくち》に植樹《しょくじゅ》されることで、その樹木《じゅもく》についていったり、その後《ご》も、点々《てんてん》とつらなる街路樹《がいろじゅ》をつたっていったりして、分布《ぶんぷ》を広《ひろ》げたのかもしれない。気《き》づかないうちに、人間《にんげん》の活動《かつどう》を利用《りよう》しながら、ふえていったんだね。とくに1970年《ねん》代以降《だいいこう》にふえたという。

都会《とかい》では、ただうるさいだけの「合唱団《がっしょうだん》」だけど、果樹《かじゅ》園《えん》では、カキやナシなどの果実《かじつ》を食《た》べてしまうので、農家《のうか》の人《ひと》にきらわれているんだ。

—日本《にほん》につれてきたのは人間《にんげん》だし、広《ひろ》げたのも人間《にんげん》。そんなわるさはしてないじゃんか！—アオマツムシは言《い》っているかも。

アオマツムシ

分類《ぶんるい》：昆虫類《こんちゅうるい》バッタ目《もく》マツムシ科《か》
大《おお》きさ：体長《たいちょう》20〜25mm
原産地《げんさんち》：中国《ちゅうごく》
日本《にほん》の分布《ぶんぷ》：本州《ほんしゅう》、四国《しこく》、九州《きゅうしゅう》の街路樹《がいろじゅ》、公園樹《こうえんじゅ》など
特定外来生物《とくていがいらいせいぶつ》：—
世界《せかい》の侵略的外来種《しんりゃくてきがいらいしゅ》ワースト100：—

ふえたわけ

都会《とかい》の環境《かんきょう》にうまくなじんだ

都会《とかい》の街路樹《がいろじゅ》はおなじ種類《しゅるい》の木《き》を植《う》えていて、いる虫《むし》の種類《しゅるい》がすくなく、その分《ぶん》、外敵《がいてき》や競合《きょうごう》する昆虫《こんちゅう》があまりいなくて、すみやすかったようだ。

アオマツムシの交尾《こうび》

セアカゴケグモの言《い》い分《ぶん》

毒《どく》は強《つよ》くないし、しずかにくらしているからいいでしょ！

貨物《かもつ》にまぎれて船《ふね》でやってきた・・・

大阪《おおさか》に外来《がいらい》の毒《どく》グモが入《はい》ってきている！と、1995年《ねん》に大《おお》きなニュースが流《なが》れた。セアカゴケグモは、外国《がいこく》からの貨物《かもつ》にまぎれて、船《ふね》にのってやってきたらしい。

このクモは、きばから毒《どく》をえものの体《からだ》に注入《ちゅうにゅう》して、しとめる。毒《どく》はとても強《つよ》く、人《ひと》がかまれると、すごくいたいらしいが、毒《どく》の量《りょう》がすくなく、死《し》ぬほどではない。その後《ご》、あまり話題《わだい》にならなかったのは、重傷者《じゅうしょうしゃ》や死者《ししゃ》が出《で》なかったためだ。

でも、生息地《せいそくち》は着実《ちゃくじつ》に広《ひろ》がって、港《みなと》だけでなく、内陸《ないりく》地《ち》でも見《み》つかっている。羽《はね》がないので、広《ひろ》がるには時間《じかん》がかかるはずなのだが、道路《どうろ》や高速鉄道《こうそくてつどう》が整備《せいび》されたことで、自動車《じどうしゃ》や電車《でんしゃ》の車体《しゃたい》にくっつくなどして、急速《きゅうそく》に分布《ぶんぷ》を広《ひろ》げているようだ。

—わたしたちには攻撃《こうげき》するつもりはないのよ。手《て》をうっかり出《だ》すからかむの！—セアカゴケグモは言《い》っているかも。

セアカゴケグモ

分類《ぶんるい》：クモ類《るい》クモ目《もく》ヒメグモ科《か》
大《おお》きさ：体長《たいちょう》メス10mm、オス3mm
原産地《げんさんち》：オーストラリア
日本《にほん》の分布《ぶんぷ》：ほぼ全国《ぜんこく》の空《あ》き地《ち》や駐車場《ちゅうしゃじょう》など
特定外来生物《とくていがいらいせいぶつ》：指定《してい》
世界《せかい》の侵略的外来種《しんりゃくてきがいらいしゅ》ワースト100：ー

ふえたわけ

見《み》つかりにくいところで子育《こそだ》て
道路《どうろ》の側溝《そっこう》、空《あ》き地《ち》の石《いし》の下《した》、ベンチの下《した》などの、すき間《ま》やあななど、見《み》つかりにくい場所《ばしょ》で子育《こそだ》てする。

2つの卵《らん》のうを守《まも》るメス。1つの卵《らん》のうには約《やく》200個《こ》のたまごが入《はい》っている

子《こ》どもの草花《くさばな》あそびをとりあげてもいいの？

シロツメクサの言《い》い分《ぶん》

ガラス器《き》のクッションにされて持《も》ちこまれた…

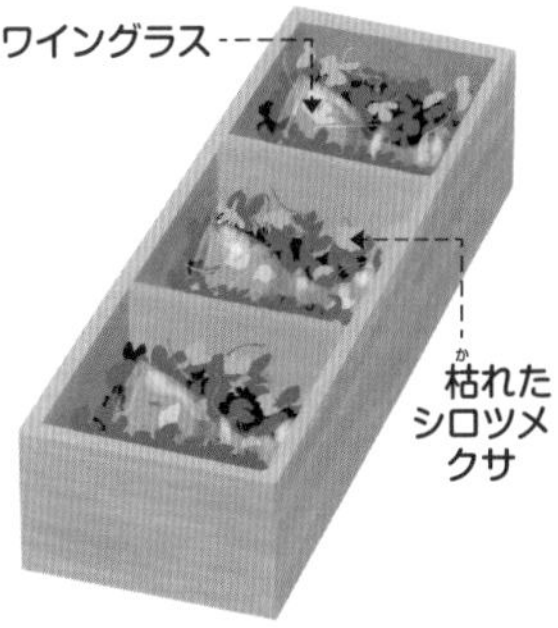

クローバーともよばれる。茎《くき》ごとつんだ花《はな》を編《あ》んでかんむりをつくったり、ときどき見《み》つかる4まいの葉《は》を「四《よ》つ葉《ば》のクローバー」といってお守《まも》りにしたり、シロツメクサは日本人《にほんじん》に愛《あい》されているね。

シロツメクサは、江戸時《えどじ》代《だい》の後期《こうき》、オランダから輸入《ゆにゅう》するガラス器《き》がわれないように、枯《か》れて乾燥《かんそう》したものがクッションとして詰《つ》められ、はじめて日本《にほん》にやってきた。その後《ご》、牧草《ぼくそう》や畑《はたけ》の肥料《ひりょう》としてさかんに輸入《ゆにゅう》され、全国《ぜんこく》に広《ひろ》がっていったんだ。

在来種《ざいらいしゅ》の植物《しょくぶつ》や、農作物《のうさくぶつ》の生育《せいいく》に影響《えいきょう》するとか言《い》われているが、日本《にほん》の自然《しぜん》にすっかりとけこんでしまったね。

―花《はな》はミツバチの蜜源《みつげん》だし、葉《は》はチョウの幼虫《ようちゅう》の食《た》べ物《もの》なんだけど、なくなってもいいの？

―シロツメクサは言《い》っているかも。

シロツメクサ

分類《ぶんるい》：双子葉植物《そうしようしょくぶつ》マメ目《もく》マメ科《か》
大《おお》きさ：高《たか》さ10～15cm
原産地《げんさんち》：ヨーロッパ
日本《にほん》の分布《ぶんぷ》：全国《ぜんこく》の空《あ》き地《ち》、草地《くさち》、公園《こうえん》など
特定外来生物《とくていがいらいせいぶつ》：―
世界《せかい》の侵略的外来種《しんりゃくてきがいらいしゅ》ワースト100：―

ふえたわけ

とにかくじょうぶで、よくふえる
種《たね》から育《そだ》つほか、地面《じめん》をはう茎《くき》からも根《ね》を出《だ》して、繁殖《はんしょく》するよ。さむさに強《つよ》く、刈《か》られてもすぐに再生《さいせい》しちゃう。

道路《どうろ》の緑化《りょくか》で人間《にんげん》が植《う》えて広《ひろ》めたのに！
オオキンケイギクの言《い》い分《ぶん》

観賞用《かんしょうよう》、あれ地《ち》の緑化用《りょくかよう》に持《も》ちこまれた…

この黄色《きいろ》い花《はな》は、とにかく評判《ひょうばん》がわるい。でも、よく見《み》ると、きれいだ。それもそのはず、1880年代《ねんだい》に観賞用《かんしょうよう》、あるいはあれ地《ち》の緑化用《りょくかよう》に持《も》ちこまれたほどだからだ。

繁殖力《はんしょくりょく》はものすごく、あれ地《ち》にいちはやくのりこんで、あっという間《ま》にお花畑《はなばたけ》をつくる。それを見《み》こまれて、新《あたら》しい道路《どうろ》の土《ど》どめ・緑化《りょくか》に使《つか》われたから、はびこらないわけがない！ 川原《かわら》や土手《どて》などで繁殖《はんしょく》して、カワラニガナ、カワラナデシコなどの在来植物《ざいらいしょくぶつ》を、おしのけてしまう。

各地《かくち》で栽培《さいばい》や植《う》えつけをしないようにして、また、種《たね》をつけるまえに引《ひ》きぬいて、その場《ば》で天日《てんぴ》にさらして枯《か》らす、ふくろに入《い》れてくさらせるなどの対策《たいさく》をとっている。

—鉢植《はちう》えにしたり、新《あたら》しい道路《どうろ》に植《う》えたりしたのは、人《にん》間《げん》だよ！ いまでも、きれいだねって家《いえ》に持《も》って帰《かえ》る人《ひと》がたくさんいるよ—オオキンケイギクは言《い》っているかも。

オオキンケイギク

分類《ぶんるい》：双子葉植物《そうしようしょくぶつ》キク目《もく》キク科《か》
大《おお》きさ：高《たか》さ30〜70cm
原産地《げんさんち》：北《きた》アメリカ
日本《にほん》の分布《ぶんぷ》：全国《ぜんこく》の空《あ》き地《ち》、道《みち》ばた、線路《せんろ》わき、河川敷《かせんしき》など
特定外来生物《とくていがいらいせいぶつ》：指定《してい》
世界《せかい》の侵略的外来種《しんりゃくてきがいらいしゅ》ワースト100：—

ふえたわけ

繁殖力《はんしょくりょく》がはんぱじゃない！

刈《か》りとられてもすぐに再生《さいせい》し、ひとつの花《はな》で100個《こ》もの種《たね》をつくる。種《たね》は繁殖《はんしょく》のチャンスがくるまで、数年《すうねん》でも土《つち》の中《なか》で生《い》きのびるというから、したたかだ！

わたしたちがいなくなるとけしきがさみしくなるよ！

わた毛《げ》とばし

花《はな》のかんむり

セイヨウタンポポの言《い》い分《ぶん》

生野菜《なまやさい》サラダ用《よう》として持《も》ちこまれた・・・

タンポポサラダ!

日本《にほん》の春《はる》の風景《ふうけい》を代表《だいひょう》しているのが、タンポポだ。ところが、市街地《しがいち》で見《み》られるタンポポのほとんどが、ヨーロッパ原産《げんさん》のセイヨウタンポポなのだ。

1904年《ねん》、札幌農学校《さっぽろのうがっこう》のアメリカ人《じん》の先生《せんせい》が、葉《は》を生《なま》野菜《やさい》サラダにして食《た》べるために、アメリカから持《も》ちこんだという。その後《ご》も家《か》ちくの飼《し》料用《りょうよう》として入《い》れられ、それらが広《ひろ》がっていったようだ。

セイヨウタンポポは、市街《しがい》地《ち》の空《あ》き地《ち》やあれ地《ち》など、くり返《かえ》し人《ひと》の手《て》が入《はい》る場所《ばしょ》にいちはやく侵入《しんにゅう》して、繁殖《はんしょく》してしまう。

郊外《こうがい》や山地《さんち》などの環境《かんきょう》が安定《あんてい》した場所《ばしょ》では、在来種《ざいらいしゅ》のタンポポががんばっていて、すみわけているからだいじょうぶだともいうが、在来《ざいらい》種《しゅ》のタンポポと雑種《ざっしゅ》をつくり、雑種《ざっしゅ》はかなりふえているというから、ちょっと心配《しんぱい》かも。

—もう日本《にほん》にすっかりなじんじゃった。わたしたちがいなくなって、子《こ》どもたちが花《はな》のかんむりづくりや、わた毛《げ》とばしができなくなってもいいの?—セイヨウタンポポは言《い》っているかも。

セイヨウタンポポ

分類《ぶんるい》：双子葉植物《そうしようしょくぶつ》キク目《もく》キク科《か》
大《おお》きさ：高《たか》さ15〜30cm
原産地《げんさんち》：ヨーロッパ
日本《にほん》の分布《ぶんぷ》：ほぼ全国《ぜんこく》の空《あ》き地《ち》、公園《こうえん》、土手《どて》など
特定外来生物《とくていがいらいせいぶつ》：—
世界《せかい》の侵略的外来種《しんりゃくてきがいらいしゅ》ワースト100：—

ふえたわけ

種《たね》だけではなく、いろいろなふえかたができる
種《たね》をつくらなくてもふえて、根《ね》の切《き》れはしからでもふえてしまう。日本《にほん》の在来種《ざいらいしゅ》との雑種《ざっしゅ》も、種《たね》をつくってふえる。

オオキバナカタバミの言《い》い分《ぶん》

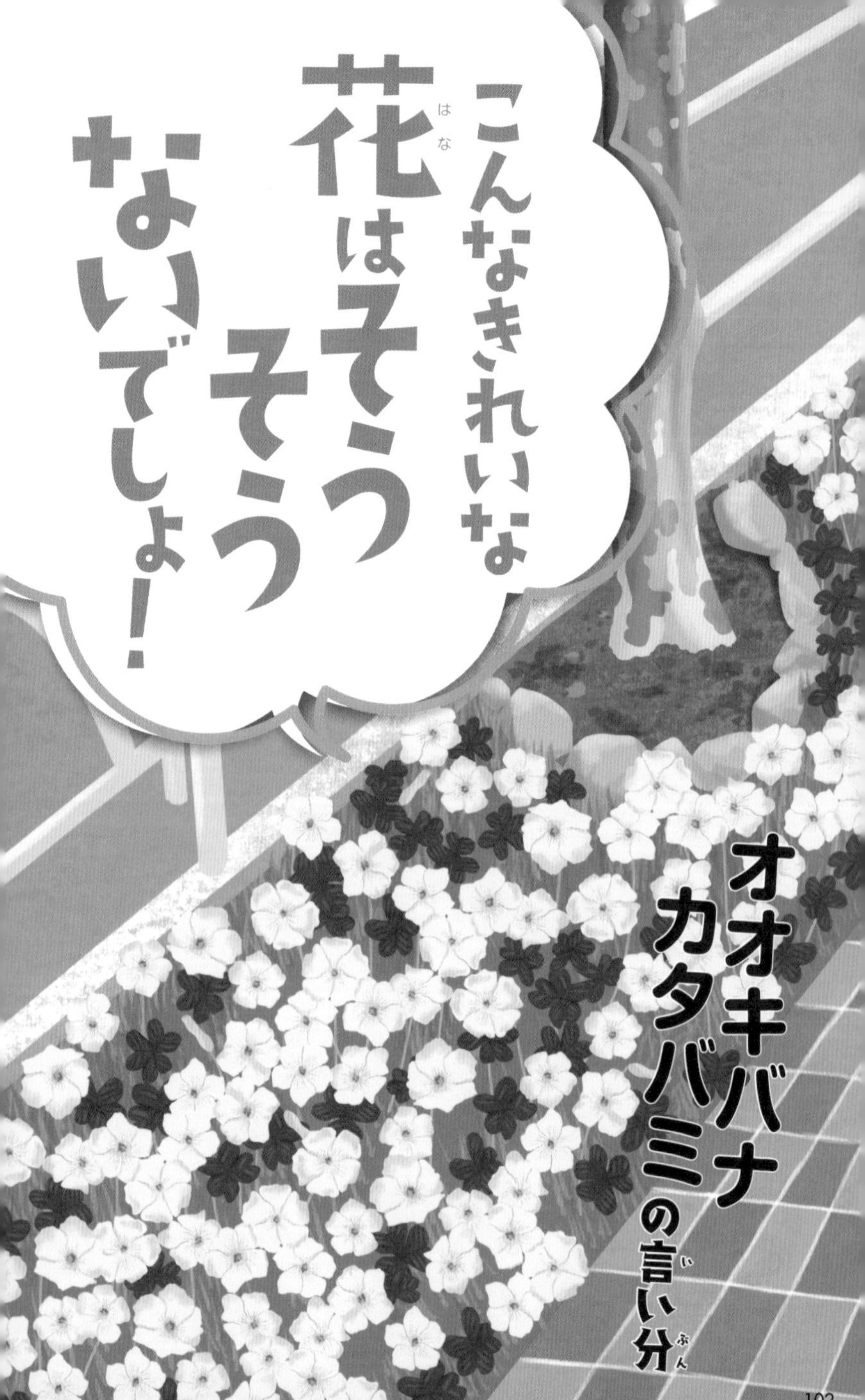
こんなきれいな花《はな》はそうそうないでしょ！

観賞用《かんしょうよう》に持《も》ちこまれた…

日本《にほん》のカタバミよりずっと大《おお》ぶりな花《はな》で、見《み》ごたえがあり、世界中《せかいじゅう》で観賞《かんしょう》のために栽《さい》培《ばい》されている。

日本《にほん》でも、明治時代以降《めいじじだいいこう》に輸入《ゆにゅう》されて、栽培《さいばい》されていたものが、道《みち》ばた、街路樹《がいろじゅ》の根《ね》もと、公園《こうえん》など、いろいろな場所《ばしょ》に生《は》えるようになった。

おもに、鱗茎《りんけい》とよばれる地《ち》下《か》の根《ね》にできるイモで繁殖《はんしょく》する。鱗茎《りんけい》は土《つち》のなかにのこり、工事《こうじ》などでその土《つち》がどこかにはこばれることで、あちこちに広《ひろ》がっていく。繁殖力《はんしょくりょく》が強《つよ》いので、在来種《ざいらいしゅ》の植物《しょくぶつ》と生《は》える場所《ばしょ》をとり合《あ》うことが心配《しんぱい》されているんだ。

いったん定着《ていちゃく》してしまうと、なかなかとりのぞくことができない。しかも、もとは観賞《かんしょう》用《よう》だけあって花《はな》がきれいなので、ひきぬかれることがなく、むしろたいせつにされる。

―わたしたちが、町《まち》の景色《けしき》をきれいにしているのよ―オオキバナカタバミは言《い》っているかも。

オオキバナカタバミ

分類《ぶんるい》：双子葉植物《そうしようしょくぶつ》カタバミ目《もく》カタバミ科《か》
大《おお》きさ：高《たか》さ20cmほど
原産地《げんさんち》：南《みなみ》アフリカ
日本《にほん》の分布《ぶんぷ》：本州中部《ほんしゅうちゅうぶ》より西《にし》の道《みち》ばたや公園《こうえん》など
特定外来生物《とくていがいらいせいぶつ》：―
世界《せかい》の侵略的外来種《しんりゃくてきがいらいしゅ》ワースト100：―

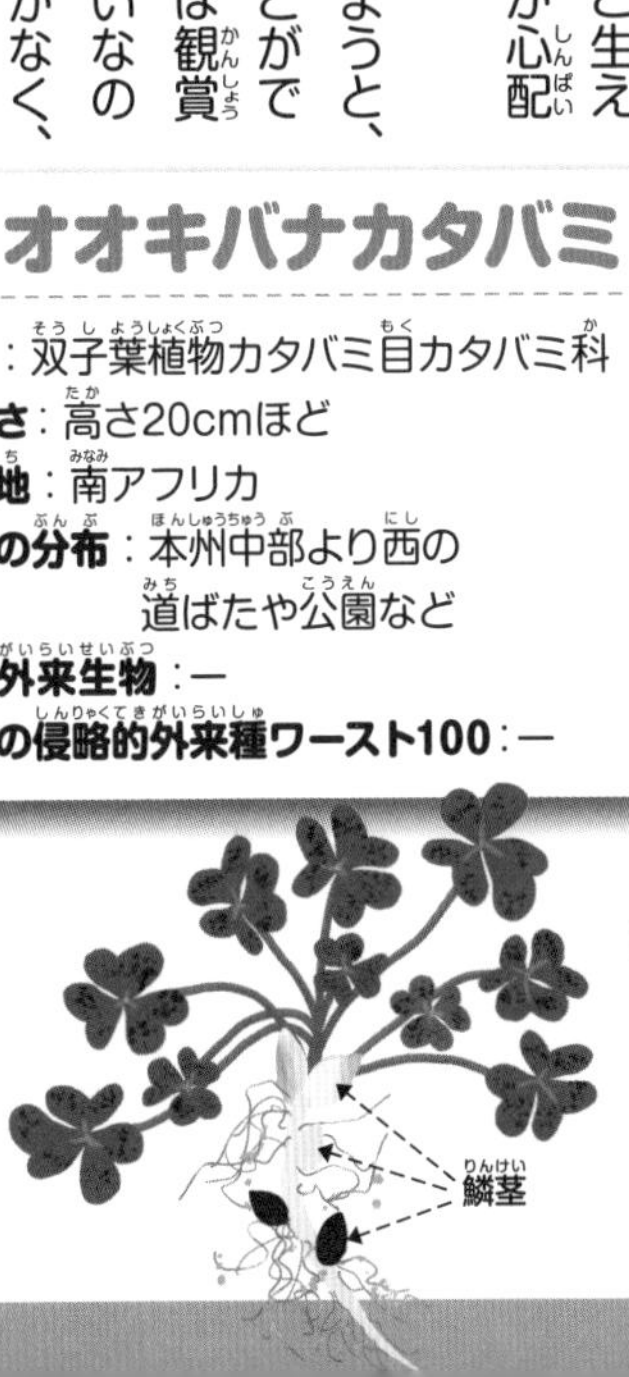

ふえたわけ

地下《ちか》の小《ちい》さなイモでふえる

地下《ちか》の根《ね》に、鱗茎《りんけい》がたくさんできる。ひきぬかれても、鱗茎《りんけい》が土《つち》にのこり、ひとつひとつが発芽《はつが》する。

アレチウリの言《い》い分《ぶん》

日本《にほん》にくるつもりなんかもともとなかったんだよ！

輸《ゆ》入《にゅう》ダイズに種《たね》がまぎれてやってきた・・・

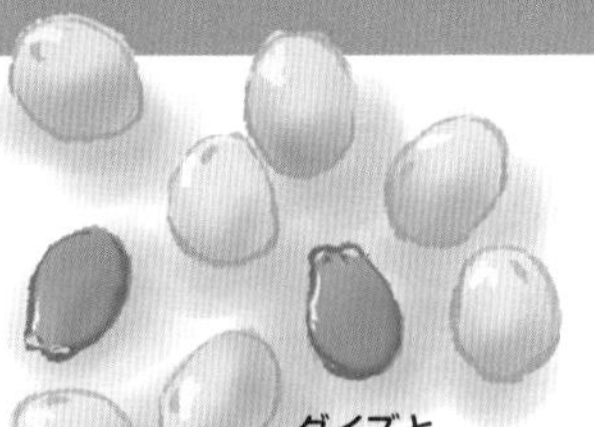

ダイズとアレチウリの種《たね》

川《かわ》にいくと、土手《どて》や川原《かわら》いちめんを、つる植物《しょくぶつ》がおおっている。それは、アレチウリだ。

日本《にほん》で使《つか》うダイズのほとんどは輸入《ゆにゅう》、しかもアメリカからがもっとも多《おお》い。アレチウリは、もともと川《かわ》のはんらんをくり返《かえ》すところに生《は》えるが、それらが畑地《はたち》に侵入《しんにゅう》し、ダイズが収穫《しゅうかく》されるときに種《たね》がまぎれこんだ。そして、そのまま日本《にほん》に輸入《ゆにゅう》されたんだ。

1952年《ねん》には、静岡県《しずおかけん》の清水港《しみずこう》で発見《はっけん》され、あっという間《ま》に全国《ぜんこく》に広《ひろ》がった。繁殖力《はんしょくりょく》が強大《きょうだい》で、あれ地《ち》や空《あ》き地《ち》にいちはやく生《は》える。そして、巻《ま》きひげでほかの植物《しょくぶつ》にからみながら、10m以上《いじょう》もつるをのばし、あたりをカーペット状《じょう》におおってしまう。こうなると、在来種《ざいらいしゅ》の植物《しょくぶつ》は、光《ひかり》をうばわれて生育《せいいく》できないのだ。

—種《たね》をダイズといっしょに収穫《しゅうかく》したのは人間《にんげん》だよ。日本《にほん》にはこんできたのも人間《にんげん》だよ

—アレチウリは言《い》っているかも。

アレチウリ

分類《ぶんるい》：双子葉植物《そうしようしょくぶつ》ウリ目《もく》ウリ科《か》
大《おお》きさ：つるの長《なが》さ数《すう》m〜10数《すう》m
原産地《げんさんち》：北《きた》アメリカ
日本《にほん》の分布《ぶんぷ》：ほぼ全国《ぜんこく》の川原《かわら》、土手《どて》、空《あ》き地《ち》、あれ地《ち》
特定外来生物《とくていがいらいせいぶつ》：指定《してい》
世界《せかい》の侵略的外来種《しんりゃくてきがいらいしゅ》ワースト100：—

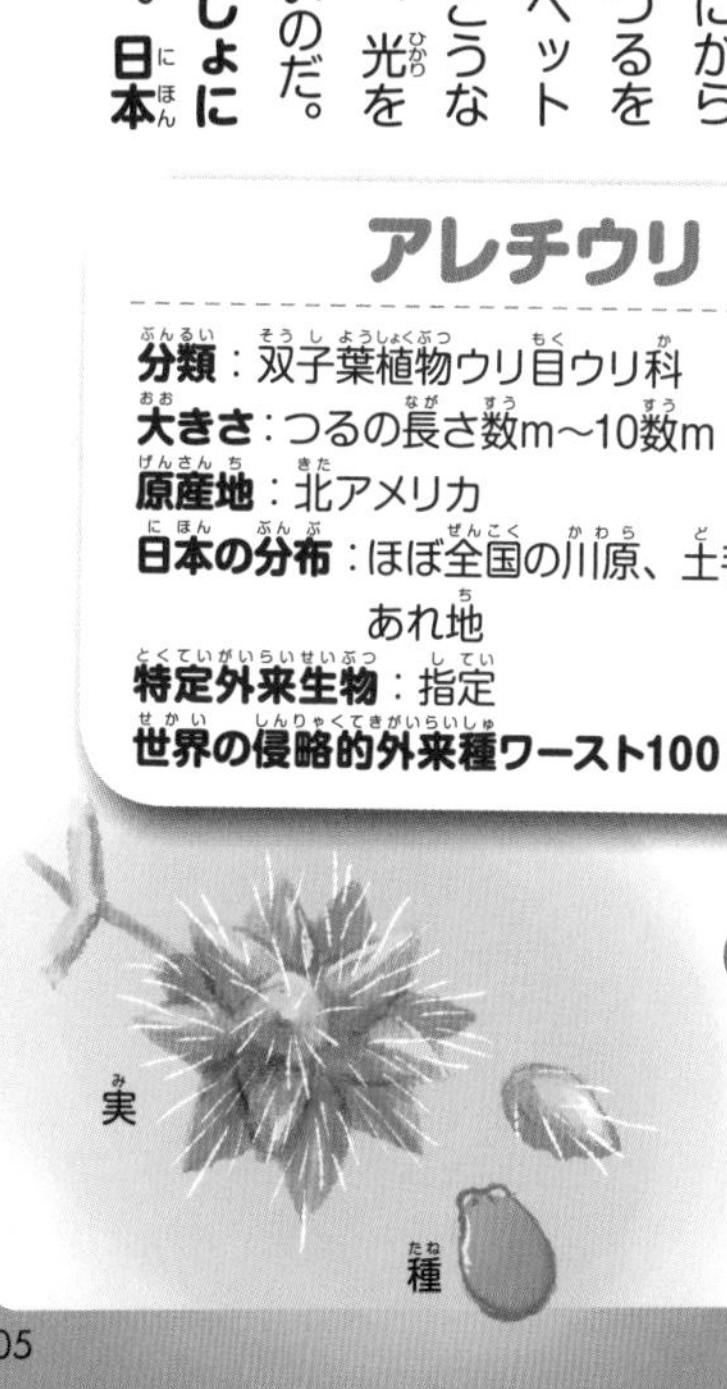

ふえたわけ

たくさんの種《たね》をつくって繁殖《はんしょく》する

ひとつの株《かぶ》で、400〜500個《こ》の種《たね》をつくって繁殖《はんしょく》する。しかも種《たね》は、生育《せいいく》に適《てき》した環境《かんきょう》になるまで、休眠《きゅうみん》することができるんだ。

オオカナダモの言《い》い分《ぶん》

理科《りか》の実験用植物《じっけんようしょくぶつ》として持《も》ちこまれた・・・

オオカナダモの細胞《さいぼう》

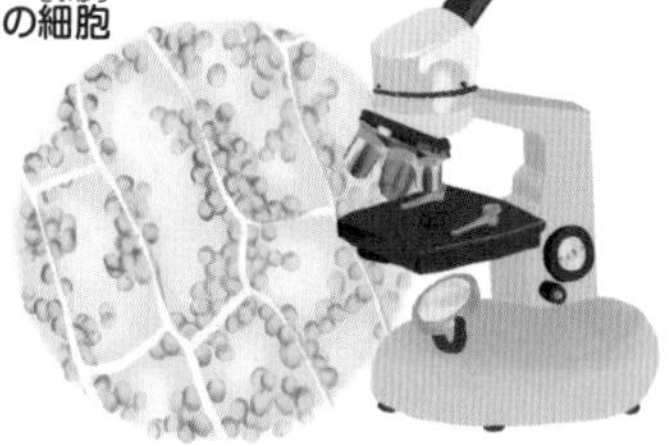

ぜんたいが水《みず》につかる沈水植物《ちんすいしょくぶつ》で、初夏《しょか》〜夏《なつ》に水面《すいめん》に白《しろ》い花《はな》をさかせる。

オオカナダモは、最初《さいしょ》は理科《りか》の実験《じっけん》用《よう》の植物《しょくぶつ》として持《も》ちこまれた。細胞《さいぼう》が大《おお》きくて、けんび鏡《きょう》で細胞《さいぼう》の観察《かんさつ》がしやすく、さらには、光合成《こうごうせい》をして水中《すいちゅう》でさかんに酸素《さんそ》を出《だ》すところが観察《かんさつ》できるからだ。また、アクアリウムの水《すい》そうに、キンギョモの代《か》わりに入《い》れられた。

実験《じっけん》が終《お》わったり、水《すい》そうをそうじしたりするときに、水《みず》ごと池《いけ》や川《かわ》に流《なが》されて、野《や》生化《せいか》したようだ。そして、あちこちで大繁殖《だいはんしょく》して、在来種《ざいらいしゅ》のクロモを追《お》いやったり、船《ふね》の進路《しんろ》をさまたげたりして、おじゃまむしになった。

最近《さいきん》は、やや減少《げんしょう》しているらしいが、ペットショップなどでは、アナカリスというなまえで、まだ販売《はんばい》されているぞ。

―**水《すい》そうの水《みず》をきれいにして、魚《さかな》やエビたちに酸素《さんそ》をあげているのに。外《そと》に流《なが》すからだめなんでしょ?**―オオカナダモは言《い》っているかも。

オオカナダモ

分類《ぶんるい》：単子葉植物《たんしようしょくぶつ》オモダカ目《もく》トチカガミ科《か》
大《おお》きさ：長《なが》さ100cm以上《いじょう》
原産地《げんさんち》：南《みなみ》アメリカ
日本《にほん》の分布《ぶんぷ》：本州《ほんしゅう》〜九州《きゅうしゅう》、八丈島《はちじょうじま》の池《いけ》、沼《ぬま》、川《かわ》など
特定外来生物《とくていがいらいせいぶつ》：—
世界《せかい》の侵略的外来種《しんりゃくてきがいらいしゅ》ワースト100：—

ふえたわけ

雄株《おかぶ》だけでもふえることができる

日本《にほん》でふえているのは雄株《おかぶ》だけだが、小《ちい》さな茎《くき》の切《き》れはしから、いくらでも根《ね》を出《だ》して再生《さいせい》できる。低温《ていおん》やよごれた水《みず》に強《つよ》い。

勝《かっ》手《て》に川《かわ》や池《いけ》に流《なが》す人《にん》間《げん》がわるい!

ブラジルチドメグサの言《い》い分《ぶん》

熱帯魚《ねったいぎょ》の飼育《しいく》のために持《も》ちこまれた…

川岸《かわぎし》や沼《ぬま》などの水底《すいてい》の泥《どろ》や土《つち》に根《ね》をはり、長《なが》い茎《くき》をのばして、葉《は》を水面《すいめん》にうかせる。そして、茎《くき》ごとちぎれて水《みず》をただよって、生息地《せいそくち》を広《ひろ》げる…。熱帯魚《ねったいぎょ》を飼育《しいく》するとき、水《すい》そうの背景《はいけい》にしたり、水《みず》をきれいにして酸素《さんそ》を供給《きょうきゅう》したりするために持《も》ちこまれた。

水《すい》そうの手《て》入《い》れで水《みず》をかえるときや、魚《さかな》の飼育《しいく》をやめるときなどに、不用意《ふようい》に水《みず》ごと川《かわ》や池《いけ》にすてられたものが、持《も》ち前《まえ》の繁殖力《はんしょくりょく》を発揮《はっき》して、ふえていったようだ。

水面《すいめん》をおおいつくして光《ひかり》をさえぎり、ほかの水草《みずくさ》が育《そだ》つのをじゃましたり、エビや小《こ》魚《ざかな》がすみにくくしたりしている、こまりものだ。

―熱帯魚《ねったいぎょ》の水《すい》そうを美《うつく》しくかざっているし、光合成《こうごうせい》をして水《みず》に酸素《さんそ》を供給《きょうきゅう》しているんだよ―ブラジルチドメグサは言《い》っているかも。

ブラジルチドメグサ

分類《ぶんるい》：双子葉植物《そうしようしょくぶつ》セリ目《もく》セリ科《か》
大《おお》きさ：長《なが》さ1m以上《いじょう》
原産地《げんさんち》：南《みなみ》アメリカ
日本《にほん》の分布《ぶんぷ》：中国地方《ちゅうごくちほう》、九州《きゅうしゅう》の川《かわ》、池《いけ》、沼《ぬま》など
特定外来生物《とくていがいらいせいぶつ》：指定《してい》
世界《せかい》の侵略的外来種《しんりゃくてきがいらいしゅ》ワースト100：―

ふえたわけ

茎《くき》の切《き》れはしの節《ふし》からも根《ね》を出《だ》す
茎《くき》を小《ちい》さく切《き》っても、切《き》れはしの節《ふし》から根《ね》を出《だ》して、それぞれが再生《さいせい》する。おそろしく繁殖力《はんしょくりょく》が強《つよ》い植物《しょくぶつ》なのだ。

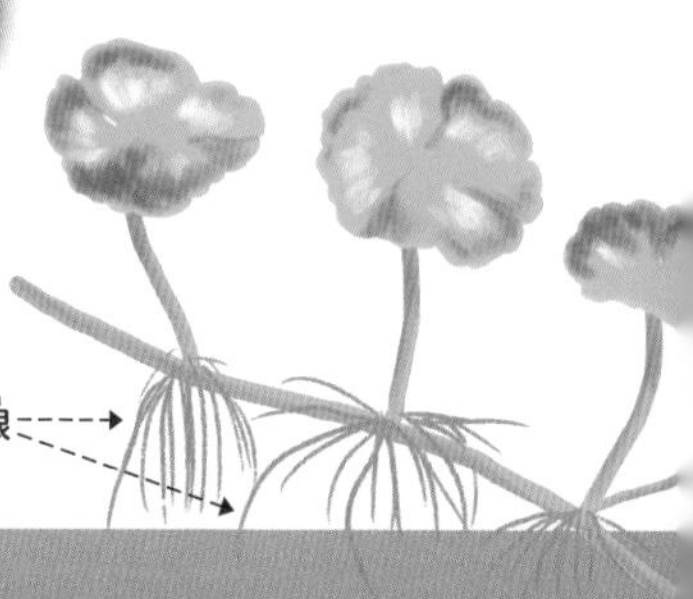

水辺《みずべ》のきれいな花《はな》がなくなってもいいの？

ホテイアオイの言《い》い分《ぶん》

ホテイアオイ

分類《ぶんるい》：単子葉植物《たんしようしょくぶつ》ツユクサ目《もく》ミズアオイ科《か》
大《おお》きさ：高《たか》さ10～150cm
原産地《げんさんち》：南《みなみ》アメリカ
日本《にほん》の分布《ぶんぷ》：本州以南《ほんしゅういなん》の池《いけ》、沼《ぬま》、川《かわ》、水田《すいでん》など
特定外来生物《とくていがいらいせいぶつ》：—
世界《せかい》の侵略的外来種《しんりゃくてきがいらいしゅ》ワースト100：指定《してい》

花《はな》を楽《たの》しむために持《も》ちこまれた…

葉《は》の柄《え》がふくらみ、うきぶくろとなって水《みず》にうかぶ。

池《いけ》などにうかべて花《はな》を楽《たの》しんだり、家《か》ちくの飼料《しりょう》にしたりするため、持《も》ちこまれたよ。その後《ご》、池《いけ》から流《なが》れ出《だ》したり、川《かわ》などにすてられたりしたのか、1970年代《ねんだい》以降《いこう》、各地《かくち》で野生化《やせいか》しているのが発見《はっけん》されている。あたたかい地方《ちほう》では、水面《すいめん》をいちめんおおってしまうほどふえ、光《ひかり》をさえぎって、魚《さかな》や水生植物《すいせいしょくぶつ》の生育《せいいく》をさまたげたり、水路《すいろ》や川《かわ》では船《ふね》の進路《しんろ》をじゃましたりする。

それでも、金魚鉢《きんぎょばち》の日《ひ》よけや観賞用《かんしょうよう》に販売《はんばい》されているし、ビオトープでは、水質《すいしつ》をよくするために利用《りよう》されてもいるからふしぎだ。

—**青《あお》い花《はな》がきれい。水《みず》がきれいになるって、よろこんでいる人《ひと》もいるのに**—ホテイアオイは言《い》っているかも。

ふえたわけ

子株《こかぶ》から孫株《まごかぶ》、孫株《まごかぶ》からひ孫株《まごかぶ》…

繁殖力《はんしょくりょく》が強《つよ》く、茎《くき》（走出枝《そうしゅつし》）を四方《しほう》に出《だ》して子株《こかぶ》をつくり、子株《こかぶ》が孫株《まごかぶ》、孫《まご》株《かぶ》がひ孫株《まごかぶ》…と、どんどんふえていく。

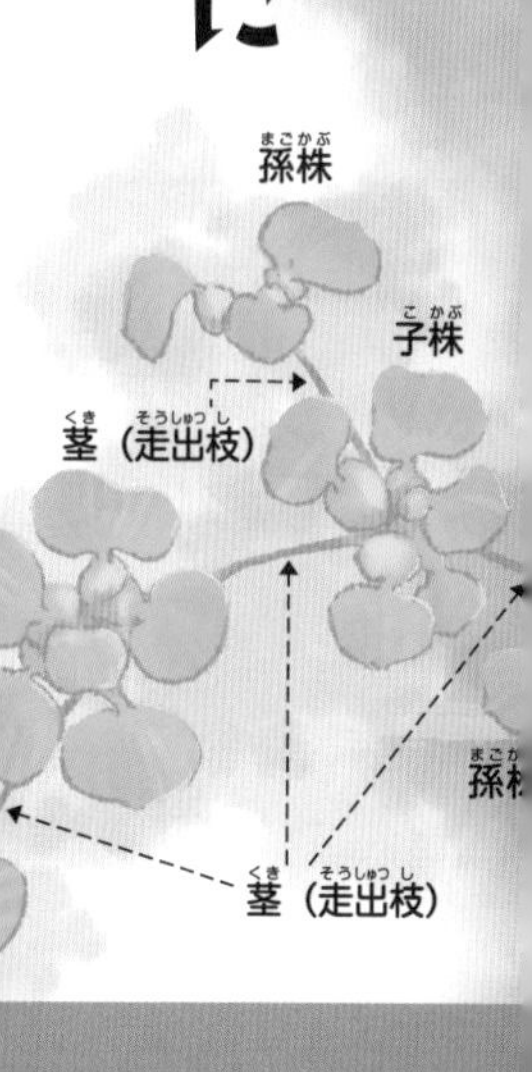

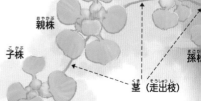

ハリエンジュの言《い》い分《ぶん》

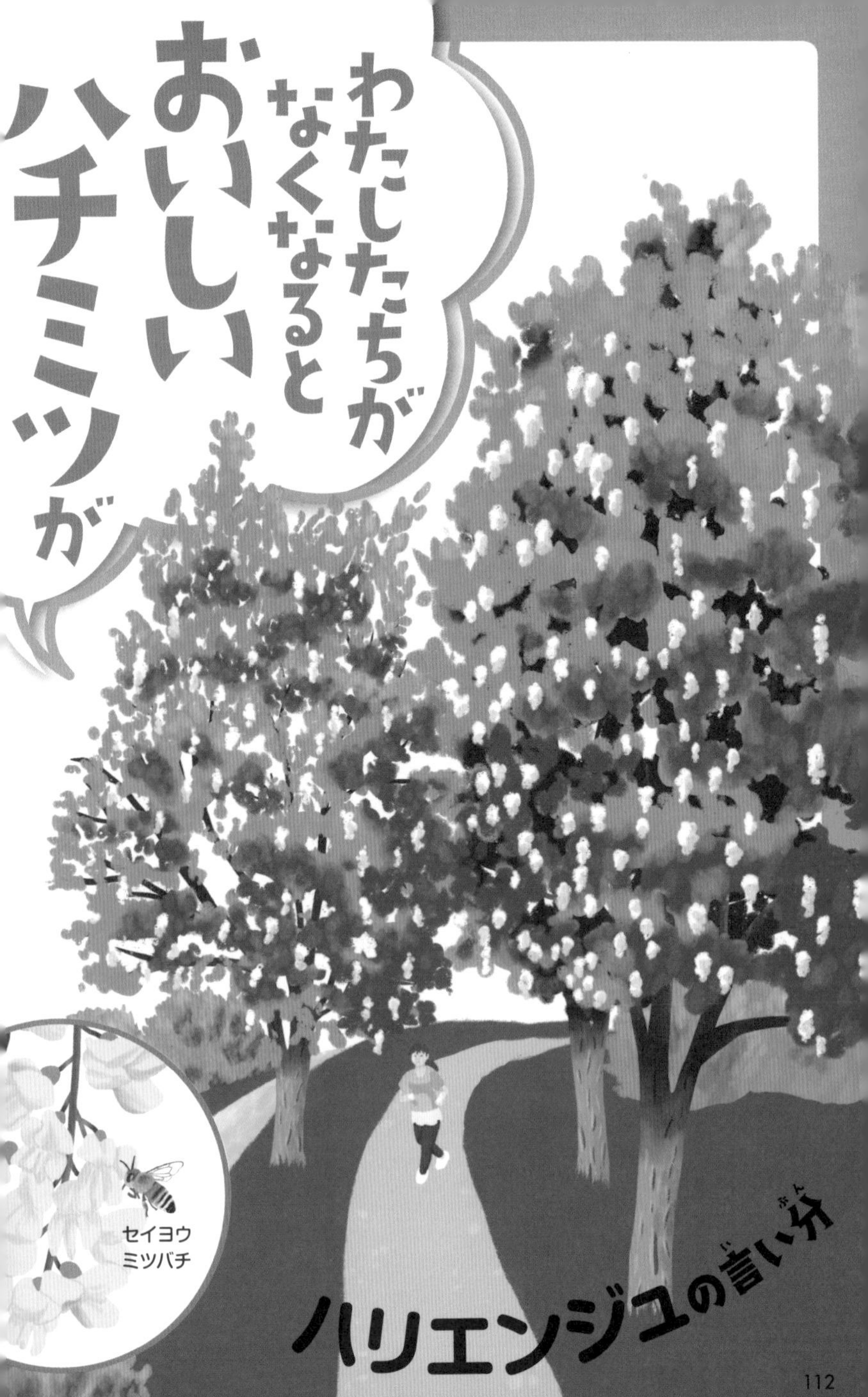
わたしたちが
なくなると
おいしい
ハチミツが
セイヨウ
ミツバチ

とれないよ！

庭木《にわき》やハチミツ用植物《ようしょくぶつ》として持《も》ちこまれた…

花《はな》はよい香《かお》りがする

ニセアカシアともよばれ、この木《き》の花《はな》から集《あつ》めたハチミツが「アカシアハチミツ」だ。また、おなじマメ科《か》に、エンジュという木《き》があるが、別《べつ》の種類《しゅるい》。

1873年《ねん》以降《いこう》、庭木《にわき》、街《がい》路樹《ろじゅ》、蜜源植物《みつげんしょくぶつ》、まきや炭《すみ》の材料《ざいりょう》などのために持《も》ちこまれたらしい。根《ね》に共生《きょうせい》する根粒《こんりゅう》菌《きん》が、大気中《たいきちゅう》のちっ素《そ》を固定《こてい》するので、やせた土地《とち》でも育《そだ》つことができ、河川敷《かせんしき》、土手《どて》、あれ地《ち》などにどんどん入《はい》りこんで、ふえていった。

河川敷《かせんしき》では、在来種《ざいらいしゅ》のヤナギやカワラノギクなどを追《お》いやってしまう、こまりものとなっている。そのいっぽうで、春《はる》にさく、よいかおりの花《はな》には蜜《みつ》が多《おお》く、セイヨウミツバチを飼《か》う養蜂業《ようほうぎょう》の人《ひと》たちにとっては、たいせつな蜜源《みつげん》となっている。

―みんな、ハチミツがなくなってもいいの？ 花《はな》のてんぷらも、とってもおいしいんだけどなあ―ハリエンジュは言《い》っているかも。

ハリエンジュ

分類《ぶんるい》：双子葉植物《そうしようしょくぶつ》マメ目《もく》マメ科《か》
大《おお》きさ：高《たか》さ10～25m
原産地《げんさんち》：北《きた》アメリカ
日本《にほん》の分布《ぶんぷ》：全国《ぜんこく》の河川敷《かせんしき》、土手《どて》、公園《こうえん》、あれ地《ち》など
特定外来生物《とくていがいらいせいぶつ》：—
世界《せかい》の侵略的外来種《しんりゃくてきがいらいしゅ》ワースト100：—

ふえたわけ

たくさんの種《たね》をつくり、切《き》り株《かぶ》からも芽《め》を出《だ》す

たくさんの種《たね》をつくり、種《たね》は土《つち》の中《なか》で長《なが》く生《い》きて、芽《め》を出《だ》すチャンスを待《ま》つ。切《き》られても、切《き》り株《かぶ》からも、根《ね》からも芽《め》を出《だ》す、しぶとさがある！

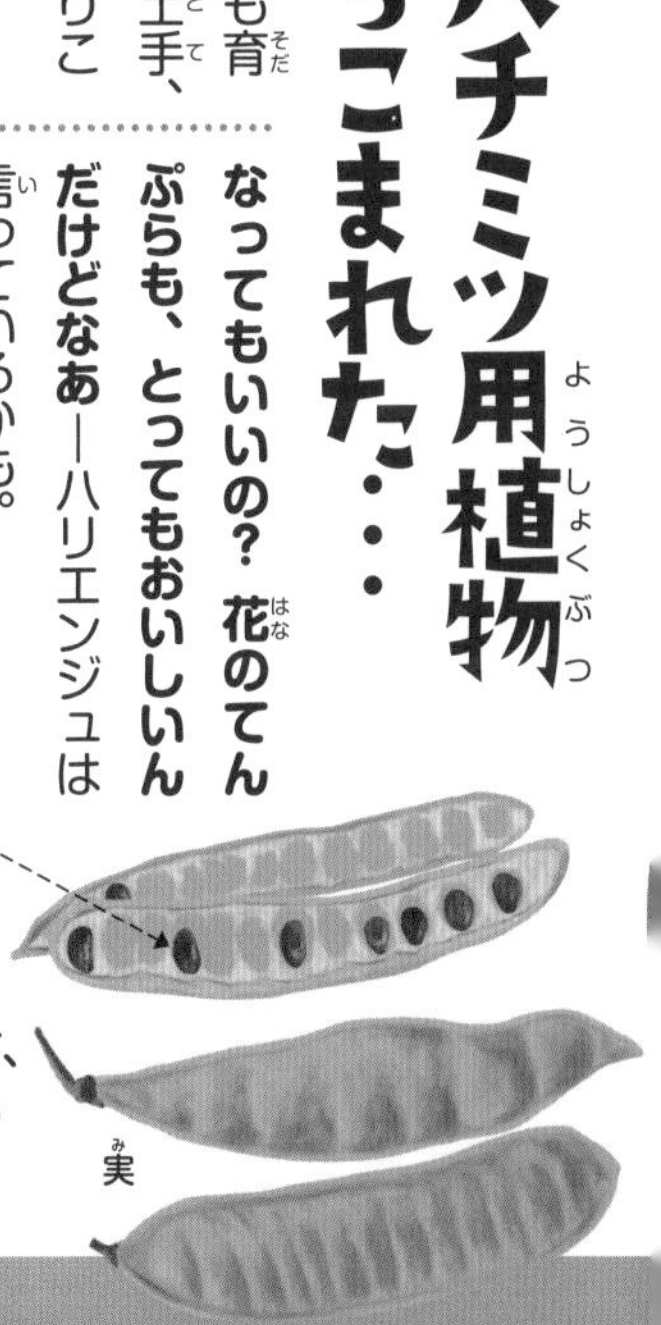

まだまだ販売《はんばい》もされているからふえちゃうよ！
花《はな》の蜜《みつ》をすう
アゲハチョウ
ランタナの言《い》い分《ぶん》

観賞《かんしょう》のために持《も》ちこまれた…

開花《かいか》すると、花《はな》の色《いろ》が赤《あか》、黄《き》、だいだい、白《しろ》、うすいピンク色《いろ》などに変化《へんか》するので、シチヘンゲ（七変化《しちへんげ》）ともよばれる常緑《じょうりょく》の低木《ていぼく》だ。

花《はな》を楽《たの》しむために1850年代《ねんだい》に持《も》ちこまれた。そして気候《きこう》がよく適《てき》したのか、小笠原《おがさわら》や沖縄《おきなわ》で野生化《やせいか》した。本州《ほんしゅう》でも、道《みち》ばたや畑《はたけ》で繁殖《はんしょく》しているのを見《み》るよ。

やっかいなのは、黒《くろ》く熟《じゅく》す実《み》の種《たね》に毒《どく》があることだ。世界《せかい》の熱帯《ねったい》や亜熱帯地方《あねったいちほう》で野生化《やせいか》していて、東南《とうなん》アジアやオーストラリアでは、畑《はたけ》や牧場《ぼくじょう》に侵入《しんにゅう》して、農作物《のうさくぶつ》を追《お》い出《だ》したり、子《こ》ウシや子《こ》ヒツジが種《たね》を食《た》べて死《し》んだりすることもあるようだ。

はびこりすぎて、みんな手《て》をやいているのに、日本《にほん》ではまだ園芸店《えんげいてん》や、通販《つうはん》で販売《はんばい》されているぞ。東南《とうなん》アジアやオーストラリアのようにならないように、気《き》をつけたいね。

―わたしたちの花《はな》は色《いろ》がどんどん変化《へんか》してきれいでしょ。もっと楽《たの》しんでよ―ランタナは言《い》っているかも。

ランタナ

分類《ぶんるい》：双子葉植物《そうしようしょくぶつ》シソ目《もく》クマツヅラ科《か》
大《おお》きさ：高《たか》さ2〜5m
原産地《げんさんち》：南《みなみ》アメリカ
日本《にほん》の分布《ぶんぷ》：小笠原諸島《おがさわらしょとう》、沖縄諸島《おきなわしょとう》などの道《みち》ばた、畑《はたけ》など
特定外来生物《とくていがいらいせいぶつ》：ー
世界《せかい》の侵略的外来種《しんりゃくてきがいらいしゅ》ワースト100：指定《してい》

ふえたわけ

鳥《とり》が分布《ぶんぷ》をどんどん広《ひろ》げてしまう

土《つち》の好《す》ききらいがあまりなく、日《ひ》かげでも育《そだ》つ。地下茎《ちかけい》でもふえる。毒《どく》のある種《たね》をかみくだかない鳥《とり》が実《み》を食《た》べて、ふんといっしょに種《たね》を出《だ》して、分布《ぶんぷ》を広《ひろ》げているんだ。

実《み》を食《た》べるヒヨドリ

見《み》たことあるかな？外来生物《がいらいせいぶつ》

オオキンケイギク

花《はな》は茎《くき》の先《さき》に1つ、コスモスににた、花《はな》びらの先《さき》がぎざぎざの黄色《きいろ》い花《はな》をつける。葉《は》は、はばがある部分《ぶぶん》で1cmほどのへら状《じょう》で、両面《りょうめん》に毛《け》が生《は》える。

セイヨウ オオマルハナバチ

体《からだ》は丸《まる》っこくて毛《け》むくじゃら。頭部《とうぶ》は黒《くろ》、胸部《きょうぶ》は黒《くろ》・黄色《きいろ》・黒《くろ》、腹部《ふくぶ》は黒《くろ》・黄色《きいろ》・黒《くろ》・白《しろ》のしまもようで、女王《じょおう》、はたらきバチ、オスバチでおなじ。

アレチウリ

つる性《せい》で茎《くき》は数《すう》m～10数《すう》mにもなり、巻《ま》きひげで物《もの》にからまる。葉《は》はざらざらで、花《はな》のあとには白《しろ》いとげにおおわれた金平糖《こんぺいとう》のような実《み》がなる。

クビアカツヤカミキリ

体全体《からだぜんたい》が光沢《こうたく》のある黒《くろ》で、とげのある胸《きょう》部《ぶ》の赤色《あかいろ》がめだつ。触角《しょっかく》は、体長《たいちょう》とおなじか、それ以上《いじょう》の長《なが》さになる。オスは体《からだ》が小《ちい》さいが、触角《しょっかく》は長《なが》い。

アカヒアリ

はたらきアリには、さまざまな形《かたち》と大《おお》きさのものがいる。体《からだ》は赤茶色《あかちゃいろ》で光沢《こうたく》がある。女王《じょおう》は交尾後《こうびご》に羽《はね》を落《お》とす。オスアリは黒《くろ》っぽく、羽《はね》を持《も》つ。

日本《にほん》の生《い》き物《もの》が海外《かいがい》で外来生物《がいらいせいぶつ》に

日本《にほん》にいると、海外《かいがい》から日《に》本《ほん》にやってきた外来生物《がいらいせいぶつ》だけに注意《ちゅうい》がいきがちだ。でも、**日《に》本産《ほんさん》の生《い》き物《もの》**もおなじように、海外《かいがい》の国《くに》や地域《ちいき》で問題《もんだい》になっているのだ。

日本《にほん》からの外来生物《がいらいせいぶつ》の問題《もんだい》は、地域《ちいき》の貴重種《きちょうしゅ》をおそう、生態系《せいたいけい》をめちゃくちゃにする、地域《ちいき》の在来種《ざいらいしゅ》と交雑《こうざつ》するなど、まったく日本《にほん》での問題《もんだい》とおなじだ。

ニホンジカ

たとえば、奈良県《ならけん》では、ニホンジカ（ホンシュウジカ）は神《かみ》の使《つか》いとされている。ところが、ヨーロッパやニュージーランドに狩猟動《しゅりょうどう》物《ぶつ》として持《も》ちこまれたニホンジカは、繁殖《はんしょく》をして数《かず》がふえ、農《のう》作物《さくぶつ》を食《く》いあらす、在来種《ざいらいしゅ》のアカシカと交雑《こうざつ》するなどの問題生《もんだいせい》物《ぶつ》となっている。

また、道《みち》ばたや空《あ》き地《ち》でふつうに見《み》られるイタドリは、19世紀《せいき》にドイツ人《じん》の医師《いし》シーボルトが、観賞用《かんしょうよう》に日本《にほん》から持《も》っていった。天敵《てんてき》の昆虫《こんちゅう》や細菌《さいきん》がいないこともあり、ヨーロッパで大繁茂《だいはんも》している。イギリスでは、イタドリの生《は》えた土地《とち》は売買《ばいばい》が禁止《きんし》されているほどだ。

ニホンジカやイタドリのほかにも、タヌキ、モツゴ、マメコガネ、ワカメなど、日本《にほん》や東《ひがし》アジアからのたくさんの生《い》き物《もの》が、**世界《せかい》で外来生物《がいらいせいぶつ》として問題《もんだい》**になっていることもわすれないようにしたい。

イタドリ

さくいん

この本《ほん》に出《で》てきた生《い》き物《もの》

あ

アオマツムシ―92 93
アカゲザル―8 28 29
アカシカ―118
アカハラ―51
アカヒアリ―84 85 117
アカヒゲ―38 39
アカボシゴマダラ―90 91
アシナガバチ―81
アナカリス―107
アブラムシ―83
アフリカマイマイ―54 55
アマミノクロウサギ―10 14 15
アメリカカメレオン―37
アメリカザリガニ―8 58 59 61 77
アユ―67
アライグマ―4 10 11 18 19 42
アリゲーターガー―2 74 75
アルゼンチンアリ―82 83
アレチウリ―104 105 117
イシカワガエル―15
イズミダイ―72 73
イタドリ―118
インドクジャク―44 45
ウグイス―48 49 51
ウシガエル―40 41 43 59
ウチダザリガニ―60 61
エゾエンゴサク―78
エノキ―90 91
エンジュ―113
オイカワ―62 63
オウム―51
オオカナダモ―106 107
オオキバナカタバミ―102 103
オオキンケイギク―4 11 98 99 116
オオクチバス―4 8 11 62 63 65 77
オオハクチョウ―5
オオマルハナバチ―79
オオムラサキ―91
オガサワラシジミ―36
オガサワラトカゲ―36
オキナワトゲネズミ―38 39

か

カオグロガビチョウ―50 51
カオジロガビチョウ―50 51
カタバミ―103
カダヤシ―68 69 71
ガビチョウ―50 51
カブトムシ―4 87
カミツキガメ―2 34 35
カヤネズミ―62
カワスズメ（モザンビークティラピア）―72 73
カワムツ―18
カワラサイコ―104
カワラナデシコ―99
カワラニガナ―99
カワラノギク―113
カンガルー―31
キイロスズメバチ―81
キノボリトカゲ―15
キョン―26 27 42
キンギョモ―107
キンブナ―108
グッピー―70 71 76 77
クビアカツヤカミキリ―88 89 117
グリーンアノール―36 37
クリハラリス（タイワンリス）―24 25
クローバー―96 97
クワガタムシ―87
ケナガネズミ―14 15
ゲンゲ（レンゲソウ）―2 8 9
コアラ―31
コイ―2 67
コクチバス―62 63
コスモス―116
ゴマダラチョウ―91
コルリ―48 49

さ

サキシマハブ―39
サケ―5
ザリガニ―18 41 59
シチヘンゲ―115
シナイモツゴ―62 63
ジャンボタニシ―52 53
シロツメクサ―8 96 97
スクミリンゴガイ―52 53 76 77
スズメ―2 8 9
スズメバチ―81
スマトラオオヒラタクワガタ―86
セアカゴケグモ―94 95
セイヨウオオマルハナバチ―78 79 116
セイヨウタンポポ―8 100 101
セイヨウミツバチ―80 112 113
ゼニタナゴ―63
ソウギョ―2 67
ソウシチョウ―48 49

た

ダイズ―105
タイリクバラタナゴ―66 67
タイワンザル―28 29
タイワンハブ―38 39
タイワンリス―25
タヌキ―19 118
タンポポ―101
チョウセンイタチ―16 17
ツマアカスズメバチ―80 81
トカゲ―37 84 85
トノサマガエル―41
ドブネズミ―17 42

な

ナイルティラピア―72 73
ニセアカシア―113
ニッポンバラタナゴ―66 67
ニホンイシガメ―33
ニホンイタチ―4 16 17
ニホンザリガニ―59 61
ニホンザル―8 29
ニホンジカ―27 118
ニホンメダカ―64
ニホンリス―25
ニワトリ―15
ヌートリア―7 22 23 42

は

バーバートカゲ―39
ハクビシン―20 21
ハクレン―67
ハナサキガエル―38 39
ハナバチ―79
ハブ―10 15 39
ハマグリ―57
ハリエンジュ―112 113
ヒアリ―4 8 85
ヒゲガビチョウ―50 51
ヒラタクワガタ―86
フイリマングース―10 14 15 43
フクロギツネ―30 31
フジツボ―57
ブラジルチドメグサ―108 109
ブラックバス―62 63 77
ブルーギル―64 65
ボウフラ―69 71
ホエジカ―27
ホシムクドリ―7
ホテイアオイ―110 111
ホルストガエル―39
ホンビノスガイ―56 57

ま

マガキ―57
マスクラット―22 23
マメコガネ―118
マリモ―60 61
マングース―15 39
ミシシッピアカミミガメ―10 11 32 33 43
ミツバチ―81 83 96 97
ミドリガメ―33
ムールガイ―57
ムラサキイガイ―56 57
メダカ―63 68 69 71 110
モツゴ―64 65 108 110 118
モンキチョウ（幼虫）―96
モンシロチョウ―2

や

ヤギ―10
ヤナギ―113
ヤマヒタチオビ―54 55
ヤンバルクイナ―10 14 15
ヨシ―104
ヨシノボリ―63

ら

ランタナ―114 115

わ

ワカケホンセイインコ―10 46 47 76
ワカメ―118

監修　小宮輝之　こみや・てるゆき

東京都生まれ。多摩動物公園の飼育係に就職。上野動物園、井の頭自然文化園の飼育係長、多摩動物公園、上野動物園の飼育課長を経て、2004年から2011年まで上野動物園園長。著書に『日本の家畜・家禽』『ほんとのおおきさ・てがたあしがた図鑑』（学研教育出版）、『くらべてわかる哺乳類』（山と溪谷社）、『哺乳類の足型・足跡ハンドブック』『ZOOっとたのしー！動物園』（文一総合出版）、『だれの手がた･足がた？』（偕成社）など。

絵　**今井桂三**　いまい・けいぞう

山形県生まれ。東京都西東京市在住。動物画家。1976年より、図鑑のさし絵を手がける。正確で迫力のある細密画には定評がある。

絵　**むらもとちひろ**

大阪府生まれ。東京都中野区在住。日本図書設計家協会会員。広告・さし絵を中心に活動中。動物・植物のほか、食べ物の絵が得意。

絵　**ウエタケヨーコ**

埼玉県生まれ。東京都板橋区在住。多摩美術大学卒業。印刷会社のデザイナーを経て、2013年よりフリーのイラストレーター。

絵　**サトウマサノリ**

福島県生まれ。東京都中野区在住。武蔵野美術大学卒業。企業等でキャラクター制作を経て、絵本や児童書のさし絵を手がける。

構成・文　**有沢重雄**　ありさわ・しげお

高知県生まれ。出版社、編集プロダクションを経て独立。自然科学分野を中心にライティング、編集に携わる。著書に『自由研究図鑑』『校庭のざっ草』（福音館書店）、『せんせい！これなあに？（全6巻）』『だれの手がた･足がた？』（ともに偕成社）、『花と葉で見わける野草』（小学館）、絵本『どうしてそんなかお？』全3巻（アリス館）、図鑑『生き物対決スタジアム』全4巻（旬報社）などがある。

写真

PIXTA（ピクスタ）、フォトライブラリー、Shutterstock

装丁・本文デザイン

ランドリーグラフィックス

参考　〈**文献**〉『Handbook of the Mammals of the World』（Lynx Edicions）、『日本の哺乳類』（学習研究社）、『日本の外来生物』（平凡社）、『外来生物図鑑』（ほるぷ出版）、『終わりなき侵略者との闘い』（小学館）、『外来生物はなぜこわい？』（ミネルヴァ書房）、『外来種は本当に悪者か？』（草思社）、『なぜわれわれは外来生物を受け入れる必要があるのか』（原書房）　〈**ウェブサイト**〉国際自然保護連合・侵入種専門家グループ http://www.issg.org/worst100_species.html、環境省 https://www.env.go.jp/nature/intro/intro/2outline/list.html、国立環境研究所 https://www.nies.go.jp/biodiversity/invasive/

つれてこられただけなのに　～外来生物の言い分をきく～

2020年7月1刷　2021年6月2刷

監修　小宮輝之
絵　今井桂三／むらもとちひろ／ウエタケヨーコ／サトウマサノリ
構成・文　有沢重雄

発行者　今村正樹
発行所　偕成社
〒162-8450　東京都新宿区市谷砂土原町3-5
☎（編集）03-3260-3229（販売）03-3260-3221
http://www.kaiseisha.co.jp/

印刷・製本　図書印刷株式会社

Published by KAISEI-SHA, Ichigaya Tokyo 162-8450
Printed in Japan
ISBN978-4-03-528590-8

本のご注文は電話・ファックスまたはEメールでお受けしています。
Tel: 03-3260-3221　Fax: 03-3260-3222
E-mail: sales@kaiseisha.co.jp
NDC462　119P.　19cm